Eckhard Freuwört

Vernetzte Sinne

Eckhard Freuwört

Vernetzte Sinne

Über Synästhesie und Verhalten

© 2004 Eckhard Freuwört
Herstellung und Verlag: Books on Demand GmbH, Norderstedt
ISBN 3-8334-1474-X

Inhalt

Vorwort

Ob Architekten, Marketingexperten, Werbefachleute oder wer auch immer – sie alle verwenden heute völlig bedenkenlos den Begriff Synästhesie, wenn sie etwas beschreiben wollen, was mehrere Sinne gleichzeitig anspricht. Fragt man – wie ich es mehrfach getan habe – solche Leute jedoch einmal ganz gezielt, was sie mit Synästhesie eigentlich meinen, dann erhält man schwammige, ausweichende und mitunter sogar auch verärgerte, ignorant-arrogante Antworten, welche den Schluss nahe legen, dass die betreffenden Personen eigentlich gar nicht wissen, wovon sie da reden. Synästhesie ist dadurch zu einem Modebegriff verkommen, bei dessen selbstgefälliger Verwendung man wohl vergessen hat, eine ganz bestimmte Bevölkerungsgruppe nach einer Erläuterung eben dieses Begriffs zu fragen – nämlich die Synästhetiker selbst!

Ich bin seit jeher Synästhetiker. Ich weiß ganz im Gegensatz zu den selbsternannten „Experten" sehr genau, wovon ich spreche. Synästhetiker outen sich häufig, indem sie ihre abweichende Perzeption zugeben und dabei auch ihre Namen nennen. Ich auch. Immer dann, wenn ich die eingangs erwähnten „Fachleute" von oder über Synästhesie diskutieren höre, bekomme ich – ich entschuldige mich vorsorglich für meine deutlichen Worte – das kalte Grausen! Ich kenne einige andere Synästhetiker, denen es ganz ähnlich ergeht. Nun sind wir Synästhetiker (Kurzform „Synnies", wie wir uns selbst nennen) von Natur aus nicht gerade sehr zahlreich und haben daher weder eine Lobby noch ein Sprachrohr. Viele von uns haben Versuche zur Richtigstellung unternommen. Versuche, den Nichtsynnies das synästhetische Empfinden bzw. die synästhetische Wahrnehmung nahe zu bringen: Musik, Internetseiten, ein Internetforum für Interessierte und Gleichgesinnte, Kunstausstellungen, Grafiken, Prosa, Filme, Interviews, Visualisierungssoftware, Fachbücher, Romane, Zeitungsartikel, ja sogar in Form eines Computerspiels. Wir haben damit als Einzelne schon vergleichsweise viele Menschen erreichen können. Die breite Masse jedoch nicht und auch aus (beruflichem) Interesse recherchierende Personen sind leider noch immer auf Zufallstreffer angewiesen. Zufallstreffer, bei denen teils haarsträubende Falschinformationen zutage treten.

Warum Letzteres so ist, das lässt sich leicht demonstrieren. Man nehme eine x-beliebige Internetsuchmaschine und gebe „Synästhesie" dort als Suchbegriff ein. Als Ergebnis erhält man zahllose Treffer. Die aber lassen sich grob in drei Gruppen einteilen: Treffer, welche nur den Begriff „Synästhesie" bspw. in einem Firmennamen oder im Zusammenhang mit Esoterik führen, aber tatsächlich mit Synästhesie kaum etwas oder aber gar nichts zu tun haben. Weiter: Treffer, welche in immer wieder leicht variierter Form die gleichen Resultate wissenschaftlicher Veröffentlichungen präsentieren. Und schließlich Treffer, welche einen oberflächlichen Abstract eben dieser Veröffentlichungen enthalten, wobei ganz offensichtlich ein Autor unkritisch vom anderen abschreibt – inklusive etwaiger Fehler. Das ganze erinnert irgendwie an das Kinderspiel „Stille Post" – mal sehen, was hinten rauskommt...

Dieses Buch schlägt einen anderen Weg ein. Natürlich wird auch hier auf die wissenschaftlichen Untersuchungen im Bereich der Synästhesieforschung eingegangen – aber nur soweit, wie mir aus Verständnisgründen unbedingt notwendig erscheint. Der Schwerpunkt liegt woanders: auf dem synästhetischen Empfinden selbst, geschildert aus der Sicht eines Synästhetikers. Eben auf der Synästhesie und auf ihren Auswirkungen für das Verhalten des Synästhetikers. Damit ist dieses Buch der Versuch zur Richtigstellung eines Begriffs, mit dem heute viel Schindluder getrieben wird. Und auch der Versuch, interessierten Personen einen – wenngleich aufgrund von biologisch begründeten Unterschieden zwangsläufig kleinen – Einblick in die synästhetische Wahrnehmung zu geben.

Dies ist ein Erfahrungsbericht und kein wissenschaftliches Werk. Auf die zusammenfassende Angabe von Referenzen und Quellen wird daher verzichtet. Vielmehr erfolgen Querverweise für den Leser unmittelbar im Zusammenhang des Textes. Dem Bericht liegt neben eigenen Erfahrungen auch der Erfahrungsaustausch mit einigen anderen Synästhetikern zugrunde. Dennoch möchte ich betonen, dass dieses Werk nur meine eigenen Erkenntnisse und meine ganz persönlichen Ansichten ausdrückt. Inwieweit das verallgemeinert werden kann bzw. inwieweit das wissenschaftlich völlig korrekt ist, entzieht sich meiner Kenntnis. Da ich selbst Synästhetiker bin, bleibt es auch nicht aus, dass der Text mitunter sprunghaft wirkt und zahllose Querverweise aufweist. Es greift dann ein Kapitel den Faden aus einem vorausgegangenen Abschnitt wieder auf. Doch soll dieses Buch insbesondere Nichtsynästhetikern als Informationsquelle dienen. Ich habe mich daher bemüht, derartige „Gedankensprünge" soweit wie möglich zu minimieren. Vollständig gelungen ist mir das jedoch nicht. Dies liegt in der Natur der Sache und ich betrachte es folglich auch als unvermeidlich.

Eckhard Freuwört, Lauenau im Sommer 2004.

Grundsätzliches zur Synästhesie

Der Begriff „Synästhesie" stammt aus dem Griechischen. Im englischsprachigen Raum ist neben Synästhesie („synesthesia" oder „synaesthesia") besonders in der älteren Literatur dafür auch noch der Begriff „crossmodality" geläufig. Synästhesie wird von den altgriechischen Wörtern „syn" (zusammen) und „aisthesis" (Empfinden) abgeleitet. Synästhesie bedeutet daher soviel wie „Doppel-, Mit- oder Zusammenempfindung". Eine aus dem Bereich der Musikwissenschaften stammende Definition von Carl Loef besagt, dass Synästhesie die „Reizempfindung eines Organs bei Reizung eines anderen Organs" ist. Diese Definition trifft es meiner Ansicht nach schon sehr genau.

Die Synästhesie – die Mitempfindung – entspringt einer Besonderheit des limbischen Systems im Gehirn. Neuroanatomisch gesehen ist das limbische System eine Ansammlung komplizierter Strukturen in der Mitte des Gehirns, welche den Hirnstamm wie ein Saum (lat. „limbus") umgeben. Es handelt sich somit um einen entwicklungsgeschichtlich sehr alten Bereich des Gehirns. In Bezug auf die Wahrnehmung kommt dem limbischen System eine wichtige Rolle zu. So wirkt es u. a. wie ein Filter: Sinnesreize werden abgeschwächt oder verstärkt und auch zugeordnet. Schmerz bspw. kann dort in Ausnahmesituationen (z. B. bei Gefahr) unterdrückt werden. Kommt ein Sinnesreiz vom Ohr, dann wird er dem „Hören" – dem Hörzentrum – zugeordnet. Kommt er vom Auge, dann erfolgt die Zuordnung zum „Sehen" – zum Sehzentrum – usw. So betrachtet kann das limbische System durchaus als Basis für die unmittelbare Wirkung von Sinnesreizen auf das allgemeine Befinden, auf die Gefühle, bezeichnet werden. Man nennt das limbische System daher auch das „Gefühlszentrum" des Gehirns. Man nimmt heute an, dass die Wahrnehmungen der Menschen durch eine so genannte „limbische Brücke" miteinander verknüpft sind.

Manchmal (schätzungsweise bei 1 bis 2 Promille der Bevölkerung – die „offiziellen" Zahlen gehen allerdings sehr weit auseinander und die Angaben reichen von 1: 25000 lt. Cytowic bis hin zu 1:300 bei sporadischen Umfragen) kommt es zu einer stark erhöhten Aktivität dieser Gehirnregion und damit zur Vermischung von Sinneseindrücken. Diese Menschen können bspw. Farben hören oder Töne sehen („Wie sieht die Oberfläche von Linoleum aus? – Wie das Kratzen auf einer alten Schallplatte."). Es gibt darüber hinaus aber noch eine ganze Palette an weiteren synästhetischen Wahrnehmungen (wie z. B. die graphemische Synästhesie, die olfaktorische Synästhesie, die empathisch-metaphorische Synästhesie, das Auraschen usw.). Die betreffenden Personen verfügen i. d. R. über mehrere Synästhesien – von denen allerdings zumeist nur eine besonders ausgeprägt ist. Zum Beispiel die metaphorische Synästhesie: Ein Geräusch erzeugt ein Gefühl. Das hört sich im ersten Moment verrückt an. Aber wer kennt nicht die Gänsehaut, wenn man hört, wie über Schiefer gekratzt oder mit Styropor über eine Fensterscheibe gerieben wird? Diese Gänsehaut wird aufgrund eines unangenehmen Gefühls hervorgerufen. Bei der metaphorischen Synästhesie ist das Gefühl eben nicht nur auf eine Gänsehaut und eben nicht nur auf das Quietsch-

bzw. Kratzgeräusch beschränkt. Jedes Geräusch kann im Grunde jedes Gefühl erzeugen, auch Farben oder/und Gerüche – die wildesten Kombinationen sind möglich. Die metaphorische Synästhesie tritt nur temporär auf. Sie kann u. U. wochenlang fehlen. Die Verbindung zwischen den inneren Bildern und dem auslösenden Reiz ist von locker-assoziativer Natur, also zwar nicht unbedingt auf bestimmte Eindrücke festgelegt, aber diesbezüglich doch ähnlich. Am ehesten umschreiben lässt sie sich vielleicht noch mit dem angenehmen Gefühl, welches einen beim Hören bestimmter Musikstücke „durchrieselt".

Das Phänomen der Synästhesie wurde erstmals 1880 von Sir Francis Galton wissenschaftlich beschrieben. An der Universität Cambridge wurde dies (viel später, nämlich im Jahre 1996) wieder aufgegriffen. Simon Baron-Cohen setzte Säuglinge akustischen Reizen aus und maß deren Hirnströme in verschiedenen Bereichen. Er stellte Aktivitäten auch in den Sehzentren fest, was darauf hinweist, dass Babys ihre Sinnesreize zunächst undifferenziert erleben. Die Differenzierung setzt erst später ein, etwa ab dem vierten Lebensmonat. Baron-Cohen interpretierte dies so, dass die Natur im Verlauf der Evolution modulare Sinne, d. h. die Trennung des Sehens vom Hören, begünstigt hat. Allerdings wohl bei einigen Personen nicht völlig. Das wird dann zu der seltenen Gabe einer erweiterten Wahrnehmung, eben zur Synästhesie. Simon Baron-Cohen glaubt daher, dass im Gehirn dieser Leute eine ungewöhnliche „biologische Verdrahtung" existiert.

Man bezeichnet die betreffenden Personen als „Synästhetiker" oder neuerdings auch als „Synästheten" (sie selbst verwenden untereinander als Kurzform den Begriff

„Synnies"). Die veränderte Form der Wahrnehmung ist eine psychologisch-neurologische Fähigkeit, bei der die Vermischung der Sinneseindrücke unwillkürlich erfolgt. Diese Fähigkeit ist nicht unterdrückbar. Synästhesie findet sich zwar überall verstreut in der Bevölkerung, tritt zumeist jedoch familiär gehäuft auf. Ihre Grundlagen werden in den ersten 24 Lebensmonaten gelegt. Über das „Wie" und „Warum" ist nichts bekannt. Der moderne Pionier der Synästhesieforschung, Richard E. Cytowic, untersuchte u. a. die familiäre Häufung von Synästhesie. Er fand erhöhte Frauen- und Linkshänderanteile unter den Synästhetikern, beschreibt Synnies durchweg als überdurchschnittlich intelligent und als mit sehr guten Gedächtnisleistungen ausgestattet. Cytowic beschrieb detailliert verschiedene Formen der synästhetischen Wahrnehmung und stellte klar, dass Synästhesie keine Krankheit ist – vielmehr sind Synnies nicht nur psychisch völlig normal, sondern darüber hinaus zumeist auch noch „innerlich gefestigter" als ihre Mitmenschen. Er nimmt an, dass die Synästhesie einer genetischen Grundlage folgt und spricht von einer autosomal oder X-dominant vererbten Synästhesie. Gestützt wird zumindest die Aussage der X-Dominanz durch die Tatsache, dass der Anteil an Frauen unter den Synästhetikern überdurchschnittlich hoch ist (70...80 %, je nach Quelle). Im Mittel weisen bis zu 25% der direkten Nachkommen ebenfalls die zusätzliche Wahrnehmung auf (auszugsweise nachzulesen unter http://psyche.cs.monash.edu.au/v2/psyche-2-10-cytowic.html).

Der Genetik-Hypothese steht jedoch das nicht-schlüssige Auftreten von Synästhesie im familiären Rahmen mitunter entgegen, was darauf hindeutet, dass es kein einzelnes „Synästhesie-Gen" gibt, sondern dass vielmehr mehrere Faktoren wie z. B. Gruppen verschiedener Gene zusammenwirken müssen. Insofern ist auch strittig, ob es sich bei Synästhetikern um Mutationen (X-Chromosom-Mutanten) handelt.

Unbedingt zu erwähnen ist an dieser Stelle noch, dass die Synästhesien individuell sehr unterschiedlich aufgenommen werden. Das bedeutet: Dem einen Synästhetiker erscheint bspw. der Ton einer Geige als gemustert-spiralige, kupferrote Form im Raum. Ein anderer sieht stattdessen einen dreidimensionalen, goldfarbenen Bogen mit strukturierter Oberfläche. Beide Empfindungen sind zwar individuell sehr verschieden, aber personenbezogen lebenslang gleich bleibend. Das bedeutet, dass der eine beim Hören des Tons immer die für ihn ganz typische Spiralform wahrnimmt, während der andere immer den Bogen sieht. Die Wahrnehmungsformen sind lebenslang individuell konstant. Dadurch existiert im Rahmen der synästhetischen Perzeption ein „im Kopf mitlaufendes", persönliches und unveränderliches synästhetisches „Lexikon". Dieses „Lexikon" ist von Synnie zu Synnie zwar individuell verschieden, aber Überschneidungen sind möglich. Kurioserweise können sich beide Synnies nun über ihre differierenden Wahrnehmungen unterhalten und wissen dabei ganz exakt, was genau der andere meint – obgleich die Sprache dafür nicht die richtigen Wörter enthält.

Medizin und Synästhesieforschung

Synästhesie ist seit ungefähr dreihundert Jahren bekannt, doch interessierte sich die Medizin lange Zeit nicht oder nur wenig dafür. Erst im Dritten Reich änderte sich dies schlagartig, nämlich im Zuge des „Rassenwahns". In diesem Kontext wurde Synästhesie (wie alles, was irgendwie „anders" war) als eine Art von Geisteskrankheit verstanden und bekämpft. Als theoretische Ursache für diese vermeintliche „Krankheit" nahm man eine Fehlverarbeitung der von Sinnesorganen ausgehenden Reize an. Diese Fehlverarbeitung wurde auf das limbische System des Gehirns zurückgeführt, welchem man eine Mangelversorgung unterstellte. Den Beweis für diese Behauptung blieb die Medizin allerdings schuldig. Wozu auch nach Beweisen suchen? Es ist immer einfacher (und natürlich auch billiger), einer Minderheit, die in irgendeiner Form „anders" ist, etwas Krankhaftes – in diesem Falle einen angeborenen Hirnschaden – zu unterstellen. Sobald die psychische Gesundheit der betroffenen Person angezweifelt wird, hat sie ohnehin keinerlei Möglichkeit einer effektiven Richtigstellung bzw. Verteidigung mehr. Wer dies nicht glaubt, dem sei empfohlen, sich einmal intensiver mit Mobbing im beruflichen Umfeld zu beschäftigen. Die obige Aussage findet dort zum Leidwesen der Betroffenen ihre permanente, tägliche Bestätigung.

Nach den Irrungen des Dritten Reichs geriet die Synästhesie im Laufe der Jahre wieder in Vergessenheit. Sie wurde in der Psychologie als ein mehr oder weniger harmloses Kuriosum betrachtet, welches man mittelbar zu den psychischen Erkrankungen zählte. Mittelbar deshalb, weil man glaubte, dass durch das „Anderssein" psychische Krankheiten vielleicht hätten ausgelöst werden können. Mittelbar auch deshalb, weil Synästhesie manchmal – wenngleich auch bei Weitem nicht immer – mit psychologisch-neurologischen Aufmerksamkeitsstörungen wie ADS oder ADHS gepaart vorkommt. Gänzlich falsch ist die Auffassung einer mittelbaren Erkrankung vielleicht im Einzelfall auch nicht, denn ein Synästhetiker, welcher seine besondere Fähigkeit nicht in sein Alltagsleben zu integrieren vermag, läuft Gefahr, aufgrund von Reizüberflutung daran innerlich zu „zerbrechen" – zumal die Gesellschaft Synästhesie nicht als eine reguläre Form der Wahrnehmung akzeptiert. Es ist durchaus denkbar, dass ein solches „Zerbrechen" im Sinne einer biologisch-sozialen Evolution auch quasi vorprogrammiert sein muss, mit dem Ziel, dass nur die psychisch gesündesten Synästhetiker zu einen normalen Leben finden und an oder mit ihrer Fähigkeit „reifen" können. Das „Zerbrechen" betrifft jedoch wirklich nur Einzelfälle und es wäre grundfalsch, solche Einzelfälle zu verallgemeinern und Synästhesie daher – genau wie die Nazis es taten – als Erkrankung anzusehen. Mit dem gleichen Recht könnte man dann nämlich auch bspw. Hochbegabung oder Linkshändigkeit als Erkrankungen betrachten – stehen sie doch nur allzu oft einer sozialen Integration entgegen. Doch diese Themen werden in einem späteren Kapitel noch separat behandelt werden.

Medizinische Arbeiten zur Synästhesie gab es bis in die achtziger Jahre nur vereinzelt. Ein Durchbruch gelang im Jahre 1996, als Simon Baron-Cohen an der

Universität von Cambridge nachwies, dass Synästhesie eine völlig normale Phase in der Entwicklung von Säuglingen darstellt (auszugsweise nachzulesen unter http://psyche.cs.monash.edu.au/v2/psyche-2-27-baron_cohen.html). Was jetzt? Wenn Synästhesie – wie nach bis dato geltender Auffassung – eine (psychische) Erkrankung, ja gar einen Hirnschaden, voraussetzen würde, dann müsste das ja jeder haben! Und besagter Hirnschaden müsste von selbst ausheilen. Unvorstellbar! Als Konsequenz aus Baron-Cohens Arbeiten wurde Synästhesie wieder „salonfähig" und es folgten zahlreiche medizinische Forschungsarbeiten.

Inzwischen weiß man aufgrund von vielen Untersuchungen mit bildgebenden Verfahren (Positronenemissionstomographie „PET", funktionelle Kernspintomographie „fMRI" usw. – u. a. an der Uni Magdeburg, am MIT, an der Medizinischen Hochschule Hannover etc.), dass die Betrachtungsweise von Synästhesie als Krankheit völlig falsch war. Synästhesie ist weder krankhaft noch Einbildung. Dies hindert schlampig recherchierende Journalisten allerdings keineswegs daran, sich das braunem Gedankengut entstammende Vorurteil einer „Krankheit" auch heute noch und unter Ignorierung der wissenschaftlichen Fakten zu eigen zu machen, wie unlängst Thomas Rübenackers SWR2-Musikstunde-Beitrag v. 19.1.2004 bewies. Ein ähnliches Machwerk findet sich unter http://www.itkp.uni-bonn.de/~wichmann/expuls/article15-13.html (Anja Gossel: Farben hören, Töne schmecken). Der betreffende Beitrag ist sogar noch wesentlich schwerwiegender als die „SWR2-Musikstunde" einzustufen, da er zu allem Überfluss den Anschein von Wissenschaftlichkeit (da ja Versuchsbeschreibungen beinhaltend und über eine Universität zu erreichen) vortäuscht.

Wissenschaftlich gesichert ist hingegen vielmehr: Hört ein Synästhetiker Geräusche oder Musik, dann ist nicht nur sein Hörzentrum in der seitlichen Hirnrinde aktiv, sondern auch das Sehzentrum im Hinterkopf. Außerdem ist das Gefühlszentrum des Gehirns, das limbische System, stark erregt. Dies bedeutet, dass das Gehirn die Umwelt nicht einfach nur ähnlich einem Fernsehgerät abbildet, sondern vielmehr eine individuelle Information aus den Sinnesreizen zusammensetzt: es interpretiert. Als Beleg dafür dürfen die Arbeiten von Benjamin Libet (einem US-amerikanischen Neurophysiologen) gelten, welcher feststellte, dass das Bewusstsein etwa um eine halbe Sekunde hinter den Aktivitäten des Gehirns hinterherhinkt. All das, was wir nicht bemerken sollen, wird vom Gehirn herausgefiltert. Bei der Synästhesie funktioniert der „Filter" qualitativ anders.

Die letztgenannten Angaben führen aber beinahe zwangsläufig zur Frage nach dem Sinn und Zweck der Synästhesie. Dies wird untersucht. In Deutschland ist aktuell die Medizinische Hochschule Hannover (MHH) die Hochburg der Synästhesie-Forschung. Dort hat man festgestellt, dass aufgrund der „festen" Verschaltung von Nervenbahnen im Gehirn die Synästhesie nicht „abschaltbar" ist. Synästhetische Wahrnehmungen erfolgen daher zwangsweise. Dies unterscheidet die Synästhesie von der so genannten „intermodalen Analogie". Als intermodale Analogie wird die freiwillige, kulturell geprägte Assoziation zwischen verschiedenen Wahrnehmungen bezeichnet: hellblaue Farbtöne für Jungen, rosa Farbtöne für

Mädchen, grün wird mit sauer in Verbindung gebracht usw. Die intermodale Analogie ist es, welche fälschlicherweise von Werbung und Industrie mit Synästhesie gleichgesetzt wird – so sprechen Werbeleute und Designer bspw. mitunter von einer „Kommunikation mit Farben", welche sie mit der Synästhesie gleichsetzen. Doch alle die damit umschriebenen Empfindungen und Verbindungen sind kulturell bedingt, sind „anerzogen" – sie erfolgen nicht zwangsläufig und sie sind „abschaltbar". Von Kulturkreis zu Kulturkreis gibt es teils gravierende Unterschiede. So wird die Farbe „Weiß" in der westlichen Welt mit „Reinheit" und „regenerativer Kraft" in Verbindung gebracht. In der östlichen Welt hingegen (Japan, China…) hat sie eine genau gegenteilige Bedeutung: Tod, Pessimismus und Vergehen. Das unterscheidet die intermodale Analogie von der „echten", der biologisch bedingten, nicht „abschaltbaren" Synästhesie.

Welchen Sinn könnte die biologisch bedingte Synästhesie nun haben? Zuallererst zu nennen ist die Fähigkeit, aufgrund von andersartigen Assoziationen (bedingt durch den zusätzlichen „Kanal" der Wahrnehmung) etwas Neues zu erschaffen – die Kreativität. Und darüber hinaus? Es gab mal eine (graue Vor-) Zeit, in der dieser Planet noch nicht so übervölkert war wie heute. Als die Sprache noch in den Kinderschuhen steckte und als die nonverbale Kommunikation – Körpersprache und Gestik – noch zum Alltag gehörte. Synästhesie könnte durchaus ein genetisch begünstigtes Überbleibsel aus dieser Zeit sein. Vielleicht diente sie auch mal der Orientierung, was erklären könnte, warum sie heute ein Ordnungskriterium darstellen kann. Es gibt Synästhetiker mit hervorragendem

Orientierungssinn, die sich sogar nachts in einem ihnen unbekannten Waldgelände gut zurechtfinden. Letzteres allerdings nur, wenn die Synästhesie in die Wahrnehmung integriert ist, wenn sie „angenommen" wird. Bei fehlender Integration kann sie nämlich durchaus auch belastend, störend und irritierend sein – und dann ist der Orientierungssinn weg, um nur mal ein Beispiel zu nennen!

Die „Überbleibsel"-Hypothese stammt vom amerikanischen Neurologen Richard E. Cytowic. Er spricht in diesem Zusammenhang von den Synästhetikern auch von „kognitiven Fossilien". Vielleicht ist aber auch die fehlende Differenzierung nur eine (natürliche) Reaktion auf die immens zunehmenden Umweltreize, auf die Reizüberflutung – und dient dazu, mehr Wahrnehmung, mehr Information simultan verarbeiten zu können. Da die Evolution ein immerwährender Prozess ist, würde eine verbesserte Informationsverarbeitung irgendwann sowieso zu erwarten sein – warum nicht in Form der Synnies? Diese These stammt von dem Psychologen Peter Grossenbacher von der Naropa University Boulder (Kalifornien) und wird auch von dem deutschen Neurologen, Philosophen und Psychologen Hinderk Emrich (welcher zusammen mit Dr. Markus Zedler und Dr. Udo Schneider die Forschungsgruppe an der MHH leitet) vertreten. Derzeit kann allerdings niemand entscheiden, welche von den beiden Thesen richtig ist und welche nicht. Vielleicht haben aber auch beide Recht. Vielleicht wird ein Relikt aus Urzeiten heute nur deshalb reaktiviert, weil es – wenngleich auch in einem völlig anderen Zusammenhang – wieder benötigt wird. Wie dem auch sei: Beide Thesen gehen von einer Mutation des X-Chromosoms aus. Das macht

Synästhetiker „anders" – und zumeist auch zusätzlich noch hochbegabt.

Berühmte Synästhetiker

Synästhetiker gibt und gab es wahrscheinlich schon immer. Synästhesie wird mit Genialität in Verbindung gebracht. Sie wirkt positiv auf den Erfindungsreichtum, auf das kreative Vermögen. Viele Künstler sind bzw. waren Synästhetiker. Einige Beispiele (ohne jeglichen Anspruch auf Vollständigkeit):

Der russische Maler Wassily Kandinsky, der Pop-Art Künstler David Hockney, der Dichter Clemens Brentano, der Komponist Johann Leonhard Hoffmann, der Wiener Komponist Robert Lach, der russische Romanautor Valdimir Nabokov, der Philosoph John Locke (Vertreter des Empirismus), der russisch-französische Maler Mark Chagall, Franz Liszt. Der Komponist Nikolaj Rimsky-Korsakoff: Sein ganz zweifellos bekanntestes Werk dürfte der „Hummelflug" sein, mit welchem er versuchte, seine synästhetische Wahrnehmung bei der Beobachtung des Fluges einer Hummel akustisch umzusetzen. Der russische Komponist Alexandr Skrjabin: Er versuchte, seine Synästhesien durch den Bau eines Instrumentes, des so genannten „Farbklaviers" umzusetzen und schrieb dafür sogar noch eine Symphonie mit dem Namen „Prométhée" („Prometheus"). Der Musiker und Komponist Alexander Laszlo: Er erfand zur Visualisierung seiner Wahrnehmung das „Sonchromatoskop", auf welchem er Stücke von Chopin und Bach spielte – sowohl optisch wie auch akustisch. Manfred Kage, Techniker, Künstler und Musiker: Er gilt als der ungekrönte König hochästhetischer, elektronenmikroskopischer Fotografien. Als Musikliebhaber führte er Kunst und Technik zusammen und entwickelte das 1966 auf einer Messe in Köln vorgestellte „Audioskop". Dabei liegt eine Flüssigkeit auf einem Lautsprecher. Der Lautsprecher regt nun die Flüssigkeit an, welche einen Lichtstrahl reflektiert. Der Lichtstrahl wird durch eine rotierende Farbscheibe auf eine Wand projiziert. Bei den Berühmtheiten nicht vergessen werden soll Johann-Wolfgang von Goethe, obgleich die Frage „War Goethe Synästhetiker?" nicht abschließend beantwortet ist und auch heute noch sehr kontrovers diskutiert wird.

Ebenfalls in diesem Zusammenhang ist eine ganze Personengruppe zu erwähnen – nämlich die Leute wie z. B. die Programmierer Richard Ashbury oder Ryan M. Geiss, welche Visualisierungs-PlugIns wie „What A Goom!", „synaesthesia" oder „geiss4winamp" u. ä. für Softwareplayer (WinAmp, XMMS etc.) entwickelt haben.

Wie bereits in einem der vorausgegangenen Kapitel dargestellt wurde, kommen Synästhetiker nur selten vor – vielleicht nur als eine Laune der Natur. Dennoch entspringen dieser zahlenmäßig nahezu vernachlässigbar kleinen Gruppe viele Berühmtheiten. Dies mag zunächst als Indiz dafür gelten, dass Synästhetiker besonders kreativ sind.

Formen und Empfindungen
synästhetischer Wahrnehmung

Die Synästhesie ist eine völlig normale Gabe der Natur, eine Bereicherung des Lebens. Schwierigkeiten macht nur die Umwelt, welche normalerweise mit Kopfschütteln und mit Unverständnis reagiert. Deshalb halten sich Synästhetiker üblicherweise im Hintergrund. Wie soll man auch einem Blinden erklären, was Farbe ist? Übrigens kann jeder selbst versuchen herauszufinden, ob er die Gabe der Synästhesie hat. Einerseits gibt es dazu zuhauf Synästhesietests im Internet (als Ausgangspunkt für Recherchen empfehlen sich die wissenschaftliche Suchmaschine www.scirus.com oder aber die Linktipps unter www.synaesthesieforum.de). Andererseits reicht ein Blatt Papier völlig aus. Dort notiert man untereinander die Buchstaben des Alphabets, die Ziffern von 0 bis 9, die Namen der Wochentage und der Monate. Das Blatt wird kopiert. Auf eines der Blätter schreibt man neben die Buchstaben, Zahlen und Begriffe die Farben oder die Symbole, die einem dazu ganz instinktiv „aus dem Bauch heraus" einfallen. Nach gut zwei Wochen wiederholt man den Test mit dem zweiten Blatt. Übereinstimmungen von mehr als 70% weisen eindeutig auf Synästhesie hin. Die Abwesenheit von Synästhesie lässt sich mit diesem Schnelltest jedoch nicht schlüssig feststellen.

Die Wissenschaft differenziert zwischen natürlich vorhandener und erworbener Synästhesie. Die natürlich vorhandene Synästhesie – auch als „genuine Synästhesie" bezeichnet – basiert auf einer „festen Verdrahtung" der entsprechenden Nervenzellen im Gehirn. Sie tritt permanent auf und ist nicht „abschaltbar". Wohl aber kann der Synästhetiker diese Form der Wahrnehmung „ausblenden", ihr folglich einen geringeren Stellenwert beimessen – was im Rahmen des Tagesgeschäfts häufig auch geschieht. Die Synästhesie bleibt dabei jedoch ständig erhalten und beeinflusst (wenngleich meist auch unbewusst) das Verhalten und die Assoziationen des Synästhetikers – und somit auch dessen kreative, kognitive und intellektuelle Leistungen. Diese Art des Auftretens von Synästhesie ist vererbbar, wobei durchaus einige Generationen übersprungen werden können. Im Gegensatz dazu steht die erworbene Synästhesie. Die erworbene Synästhesie tritt zeitlich begrenzt nach der Einnahme psychoaktiver („bewusstseinserweiternder") Drogen auf. Als Beispiele solcher Stoffe seien Lysergsäurediethylamidtartrat (LSD), Haschisch (und hier vor allem Tetrahydrocannabinol – THC – als Wirkstoff) oder Meskalin genannt. Aber auch Myristicin, Skopolamin, Muskarin u. ä. (z. B. aus Muskatnußpulver, Fliegenpilzen oder aus den so genannten „Zauberpilzen" wie bspw. Peyote) zählen zu dieser Stoffgruppe. Die Wahrnehmungen bei der erworbenen Synästhesie gleichen denen der natürlichen Synästhesie zwar weitestgehend; einen gravierenden Unterschied gibt es aber dennoch: Sie sind nicht ausblendbar. Mit dem Rausch tauchen sie überfallsartig, ja vergewaltigend, auf. Man kann ihnen nicht entkommen. Die erworbene Synästhesie ist auf die Rausch-Phase beschränkt. Sie kann aufgrund ihres „gewaltsamen" Charakters äußerst unangenehm sein – sogar für natürliche Synästhetiker.

Allgemein wird davon ausgegangen, dass ein „Erlernen" von Synästhesie für Nichtsynästhetiker auch nicht möglich ist. Dem entgegenstehen Untersuchungen an erblindeten Personen, welche erst nach der Erblindung Braille (Blindenschrift) gelernt haben und welche danach über Braille Farben wahrnehmen können. Nun ist aber auch bekannt, dass das Gehirn beständig neue Verbindungen zwischen den Nervenzellen ausbildet. Prinzipiell unmöglich ist daher ein „Erlernen" von Synästhesie unter ganz bestimmten Umständen wohl nicht. Im Normalfall jedoch wird Synästhesie nicht erlernt. Entweder man hat diese Gabe der erweiterten Wahrnehmung oder man hat sie nicht. Ich habe sie und gelernt, damit klarzukommen. Schwierigkeiten machen allerdings manchmal die „lieben Mitmenschen", denen so was völlig fremd ist.

Synästhetiker bin ich, soweit ich zurückdenken kann. Wahrscheinlich genuiner Synästhetiker, denn ich sehe schon seit jeher Töne, ohne dies zu wollen oder gar abstellen zu können – und warum sollte ich auch? Es sieht doch schön, ästhetisch aus! Ein Nicht-Synnie läuft schließlich auch nicht mit verbundenen Augen durch die Gegend, um seine Wahrnehmungsfähigkeit einzuschränken. Zu einem geringen Maße bin ich auch Gefühlssynästhetiker (metaphorischer Synästhetiker), denn im Zustand der Alpha-Wellen-Phase unmittelbar vor dem Einschlafen können Geräusche auch Gefühle erzeugen – so etwa das Klingeln der Türglocke, welches einem elektrischen Strom gleicht, der durch den ganzen Körper zuckt. Gleichzeitig nehme ich dabei i. d. R. auch eine „zersplitternde" Farbfläche wahr. Diese Art von Synästhesie mag ich überhaupt nicht und empfinde sie als ziemlich unangenehm. Glücklicherweise tritt sie ja aus dem oben erwähnten Grunde auch nur selten auf. Auch Schmerz kann durchaus eine Farbe haben – spricht mich als umgeschulten Linkshänder jemand beim Schrauben darauf an, warum ich nicht die rechte Hand benutze, dann rammt sich der Schraubenzieher wie von selbst in die Hand. Den Schmerz sehe ich gleichfalls als eine glasartig-zersplitternde Farbfläche, meist violett mit hell leuchtenden Kanten. Noch etwas seltener passiert es mir, dass Farben und Formen Geräusche hervorrufen – eigentlich sehr selten, aber manchmal eben doch. Ähnlich selten erfolgt das Sehen von Farben bei Gerüchen. Ein Orgasmus ist immer farbig. Begriffe, Buchstaben und Zahlen dagegen verknüpfe ich im Allgemeinen nicht mit bestimmten Farben oder Formen. Jedenfalls nicht so richtig bewusst – obwohl... Bei manchen Buchstaben, Begriffen oder Zahlen drängen sich die Farben förmlich auf: Mein Montag ist rot, ein cremeweißes A, ein gelbliches E, ein stahlfarbenes X, ein rotviolettes Y, ein schwarzes Z, die rote 7 und die blaue 8. Es gibt Synnies, die mit den Farben richtiggehend rechnen können. Nur kann ich selbst damit herzlich wenig anfangen. Man bezeichnet eine derartige Wahrnehmung auch als „graphemische Synästhesie". Eigentlich gibt es keinen Synästhetiker, der nur eine Synästhesie aufweist – da ist immer noch mehr. Aber nur eine Wahrnehmungsfähigkeit ist zumeist besonders ausgeprägt. Bleiben wir also erstmal bei meiner „Stärke", bei dem Sehen von Tönen, Geräuschen und Musik: dem „Farbenhören" bzw. „coloured hearing", früher auch „Audition colorée" genannt, einer eher häufigen synästhetischen Gabe.

Mein erstes bewusstes synästhetisches Erlebnis (jedenfalls das erste, an das ich mich noch erinnere) hatte ich im Kindergarten. Ich spielte im Sandkasten, als ein Spatz „tschilpte". Ich sah das Geräusch als pfeilähnliche, weiß-silbern-verschlungene Form irgendwie vorbeifliegen und fragte meine Spielkameraden, ob sie das auch gesehen hätten. Sie blickten mich nur völlig verständnislos an – so hielt ich fortan den Mund, um nicht ausgegrenzt zu werden. Ich spürte, dass ich irgendwie „anders" war. Ähnliches passierte mir mehrmals und als ich dann auf meine um Jahre spätere Frage zur synästhetischen Wahrnehmung nur bezeichnende Blicke erntete und auch noch hörte „Der hat doch 'ne Macke!", da sprach ich jahrelang nicht mehr darüber. Stattdessen verfolgte ich jede mir irgendwie zugängliche Publikation zu Crossmodality und zu Synästhesie und machte mir meine Gedanken darüber. Es war teils unglaublich, wie meilenweit gewisse Autoren danebenlagen – vor allem die der Boulevardblätter! So, als wollte ein Forscher Neues aus grob vereinfachender, populärwissenschaftlicher Tertiär- und Quartärliteratur erschaffen. Doch es gab auch qualifizierte Beiträge. Darüber hätte ich gerne mal diskutiert. Doch wie hätte ich mich mit anderen über meine erweiterte Wahrnehmung austauschen sollen? Selbst hochgreifende Schätzungen gehen nicht über einen Synnie-Anteil von höchstens zwei Promille der Bevölkerung hinaus, bei denen das Gehirn biologisch-organisch bedingt „anders" funktioniert. Anders bedeutet allerdings weder besser noch schlechter (was ja quantitative Rubrizierungen sind), sondern eben nur qualitativ „anders".

Wie empfinde ich die Synästhesie – oder wie erklärt man einem Blinden, was „Farbe" ist? Die Sprache hat keine Möglichkeiten – keine Worte – um synästhetisches

Empfinden auch nur annähernd zu umschreiben. Ich versuche es trotzdem. Wie oben bereits dargestellt wurde, entstehen die Formen und Farben unbeabsichtigt und nicht unterdrückbar im Rahmen eines angeborenen Automatismus. Die Wahrnehmungen treten dabei gleichzeitig mit dem auslösenden Reiz „im Kopf" vor einem „inneren Auge" auf. Dieses „innere Auge" umgibt mich wie eine Art von Kugel, deren Innenfläche vielleicht einen halben, maximal einen Meter „von mir entfernt" ist. Die Synästhesien sind im (gesamten) Innenraum dieser Hohlkugel. Sie scheinen um mich herum wie in einem zweiten Raum, welcher der realen Welt überlagert ist, vorzuliegen. Man kann das durchaus mit einer transparenten Folie, Glasscheibe oder dunstigen Wolke vergleichen, durch welche „hindurchgesehen" wird – mal mit mehr, mal mit weniger Reflexion. Die Reflexion entspricht dabei der „normalen" Wahrnehmung ohne Synästhesie, so dass eine Differenzierung problemlos möglich ist – etwa so, als ob man den Blick auf die Fensterscheibe mit der Fliege drauf oder auf die Landschaft dahinter richtet. Tiefe Töne erscheinen ohne klare Struktur – wolkig, dunstig und voluminös. Ihre Farbe variiert nuancenreich, strukturiert-gemischt und je nach Geräusch von gräulich über dunkelrot bis hin zu kupferfarben. Höhere Töne haben klarer erkennbare Strukturen: Bögen, Röhren, Zapfen, Ringe – sie „schlängeln" sich räumlich durch das Gesichtsfeld. Alles ist Bewegung. Ihre (zumeist nass oder metallisch schimmernden und strukturierten) Farben liegen zwischen grünlich (mittlere Frequenzen) und gehen über gelblich, goldgelb bis hin zu cremefarben, weiß und silbern bei hohen Frequenzen. Wie groß und wie blendend oder grell die Wahrnehmung wird, hängt von der Lautstärke ab. Leise Geräusche erzeugen höchstens münzgroße Formen, während laute Geräusche durchaus Dachbalkengröße haben können. Natürlich befindet sich das alles dann auch noch in Bewegung. Blau fehlt häufig, aber nicht immer. Dafür erscheint mir der Hintergrund, vor dem sich die Formen und Farben bewegen, vorwiegend dunkelrot- oder dunkelblau-schwarz-gemasert in einer eigentlich so niemals in der Natur vorkommenden Farbkombination. Hintergrund ist auch nicht der richtige Ausdruck – es hat trotz der oben erwähnten „Kugel" mehr Ähnlichkeit mit einem sich ad infinitum erstreckenden Raum. Stimmen sind für mich aufgrund des Aussehens der Synästhesien wie eine Art von Fingerabdruck.

Ich muss noch ergänzen, dass ich mir Gesichter kaum merken kann – den „Stimmenfingerabdruck" hingegen schon und der hat für mich daher auch einen großen Wiedererkennungswert; deutlich größer jedenfalls als bei der Optik. Das hört sich jetzt vielleicht irgendwie seltsam an, ist aber so. Stimmen anderer Leute erscheinen mir i. d. R. als ganz individuelles, typisches Muster (mal verwobene Fäden, mal als geometrische Muster – kommt auf die Person an), meist zwei- bis dreifarbig (wobei die gleiche Person auch immer eine gleich bleibende „Stimmfärbung" hat). Dieses Muster läuft immer irgendwo im Kopf mit, mal sehr deutlich, mal weniger. Die räumliche Größe des Musters hängt mit der Lautstärke zusammen – je lauter, desto größer. Das betrifft übrigens auch (zumindest einige) Lautäußerungen von Tieren; da gibt´s individuelle, ganz charakteristische (Muster-) Unterschiede. Das bedeutet: Ich „höre", von welchem Tier das kommt – ohne es sehen zu müssen. Kuriosum am Rande: Bei unserer Hauskatze hat das vor einigen Jahren dazu geführt, dass ich sie aus einer Notlage – zwei Grundstücke weiter – retten konnte (sie hatte sich in einem Kippfenster verklemmt). Eine Singstimme nehme ich durchweg mehrfarbig und bewegter wahr als eine Sprechstimme, wobei das Muster aber ziemlich gleich bleibt. Eine Telefonstimme ist irgendwie „gepresst" oder komprimiert, da ist das charakteristische Muster zwar auch da, aber kleiner, undeutlicher und „verschmierter". Die eigene Stimme kommt mir voluminöser und geometrischer als die von anderen Leuten vor, auch dann, wenn ich sehr leise spreche. Das führt mitunter zu dem Problem, dass man mich nicht richtig gehört hat: Ich sprach zu leise, obgleich es mir „ganz normal" erschienen ist. Mit der Erinnerung an Gesichter (und auch an Namen) ist es bei mir – wie schon gesagt – nicht besonders weit her. Mit Stimmen hingegen gibt es keinerlei Probleme – auch nicht nach Jahren! Interessant ist in diesem Zusammenhang vielleicht noch, dass ich frühere Bekannte, deren Aussehen sich im Laufe stark verändert hat, irgendwann gänzlich unerwartet wiedertraf und allein anhand ihres „Stimmbildes" erkennen konnte.

Erwähnenswert ist noch die Tatsache, dass ein Synnie einerseits im Regelfall zwar synästhetisch nicht alle Farben des Lichtspektrums wahrnimmt (so fehlt bei mir selbst bspw. das „stahlfarbene Dunkelgraublau", wie man es von Regen- oder Gewitterwolken her kennt – visuell jedoch wird eine solche Farbe durchaus erfasst), dafür andererseits aber nur allzu oft das Empfinden so genannter „unmöglicher Farben" hat. Unmögliche Farben sind – ja, wie soll man es beschreiben – Mischfarben, welche in der Natur so nicht vorkommen, jedenfalls nicht in dieser Kombination bzw. Mischung. Farben, welche über das normale Spektrum hinausgehen und für die es daher verbal keine Entsprechung gibt. Synnies behelfen sich zur Beschreibung dann manchmal mit neu erfundenen „Kunstwörtern" wie bspw. „Rosahellgrün" oder „Grotrün" (eine dunkel-nuancierte Mischung vieler Millionen Farbtöne von Rot und Grün). Emrich spricht in einem solchen Fall von einer virtuellen Farbe. Auch werden vereinzelt Kunstwörter wie z. B. „Schwuppse" zur ganz konkreten Beschreibung der synästhetischen Bewegung bestimmter dreidimensional-farbiger Strukturen verwendet. Solche erfundenen Kunstwörter stellen einen Ersatz für die fehlenden Ausdrucksmöglichkeiten normaler Sprache in Bezug auf die Synästhesie dar. Sie werden auch nur selten benutzt. Wie schon im Falle des bereits erwähnten „synästhetischen Lexikons" wissen aber miteinander kommunizierende Synästhetiker instinktiv, was mit dem Kunstwort ausgedrückt werden soll – ohne dass es dazu einer weiteren Definition oder Absprache bedarf.

Synästhetische Wahrnehmung ist schön im Sinne von „ästhetisch". Wenn ich das missen sollte, dann wäre das, als ob mir Augen oder Ohren fehlen würden. Je isolierter, reiner und klarer ein Ton ist, desto deutlicher ist er auch sichtbar. Das ist der Vorteil von elektronischer Musik – dort erkennt man die Formen und Farben auf Anhieb deutlich (ohne sie exakt beschreiben zu können, denn es gibt keine passenden Worte oder Begriffe dafür). Andere Arten von Musik und Geräuschen führen immer zu einem mehr oder weniger verwobenen Muster. Interessanterweise ist dieses Muster immer gleich, wenn man die Musik (oder die Geräusche) erneut hört – auch noch nach langer Zeit. Varianten entstehen nur durch die Nebengeräusche.

Ich machte bereits zu Beginn dieses Kapitels die Aussage „eigentlich gibt es keinen Synästhetiker, der nur eine Synästhesie aufweist". Bei den Synästhesien sind zahllose Kombinationen möglich. Eine entsprechende Umfragestatistik ist im Oktober 2003 im Internet unter der URL http://home.comcast.net/~sean.day/Types.htm veröffentlicht worden. Danach verteilen sich die häufigsten Synästhesien bei gut 600 Befragten wie folgt:

- Zeichen (Buchstaben, Ziffern) werden farbig wahrgenommen (68,8%); „graphemische Synästhesie"
- Zeiträume (Tage, Wochen etc.) werden farbig wahrgenommen (23,3%); „graphemische Synästhesie"
- Musik wird farbig wahrgenommen (19,2%); „coloured hearing"
- Geräusche allgemein werden farbig wahrgenommen (14,0%); „coloured hearing"
- Notenzeichen werden farbig wahrgenommen (10,6%); „graphemische Synästhesie"
- Phonismen (Melodien) werden beim Lesen oder Sehen wahrgenommen (10,6%); „coloured hearing"
- Geschmack wird farbig wahrgenommen (7,1%)
- Gerüche werden farbig wahrgenommen (6,9%); „olfaktorische Synästhesie"
- Schmerz wird farbig wahrgenommen (6,3%)
- Persönlichkeiten werden farbig wahrgenommen (4,8%); „synästhetische Aura oder Aurasehen"
- Berührungen werden farbig wahrgenommen (3,9%)

- Temperaturen werden farbig wahrgenommen (2,7%)
- Orgasmen werden farbig wahrgenommen (1,1%)
- Geruch wird als Geräusch wahrgenommen (0,6%); „olfaktorische Synästhesie"
- Geruch wird als Geschmack wahrgenommen (0,2%); „olfaktorische Synästhesie"
- Geruch wird als Temperatur gefühlt (0,2%); „olfaktorische Synästhesie"
- Geruch wird als Berührung gefühlt (0,6%); „olfaktorische Synästhesie"
- Geräusch wird als Geruch wahrgenommen (1,6%)
- Geräusch wird als Geschmack wahrgenommen (5,6%)
- Geräusch wird als Temperatur gefühlt (0,6%)
- Geräusch wird als Berührung wahrgenommen (4,0%)
- Geschmack wird als Geräusch wahrgenommen (0,2%)
- Geschmack wird als Temperatur gefühlt (0,2%)
- Geschmack wird als Berührung wahrgenommen (0,6%)
- Temperatur wird als Geräusch wahrgenommen (0,2%)
- Berührung wird als Geruch empfunden (0,3%)
- Berührung wird als Geräusch empfunden (0,5%)
- Berührung wird als Geschmack wahrgenommen (0,5%)
- Berührung wird als Temperatur wahrgenommen (0,2%)

- Sehen erzeugt Geruchswahrnehmung (1,1%)
- Sehen erzeugt Geräuschwahrnehmung (1,6%)
- Sehen erzeugt Geschmackswahrnehmung (2,3%)
- Sehen erzeugt Temperaturempfindung (0,3%)
- Sehen erzeugt Berührungsgefühl (1,1%)
- Ein Mensch erscheint als Geruch (0,3%); „synästhetische Aura"

Die Auflistung ist nur ein Auszug der tatsächlichen Möglichkeiten, denn die „wildesten" Kombinationen können vorkommen. So fehlen oben bspw. generell Synästhesien, welche der Wahrnehmung von Blumendüften oder von Temperaturänderungen entsprechen. Dies bedeutet jedoch keineswegs, dass so etwas grundsätzlich nicht vorkommen kann – die Natur ist sehr erfinderisch. Die Liste belegt ferner (man rechne dazu die Prozentangaben nach!), dass Mehrfach- bzw. Multisynästhesien eher die Regel als die Ausnahme sind. Daraus folgt, dass die „limbische Brücke" (bezogen auf die Art eines einzelnen Sinnesreizes) nicht besonders selektiv arbeitet; vielmehr werden i. d. R. mehrere Verbindungsarten geknüpft. Diese lassen sich in Begriffen wie „graphemische Synästhesie", „coloured hearing", „olfaktorische Synästhesie" oder „synästhetische Aura" zusammenfassen. Die Begriffe beschreiben dann zwar eine ganze Synästhesiegruppe, nicht jedoch eine einzelne Fähigkeit.

Vor- und Nachteile der Synästhesie

Gibt es Vor- und Nachteile durch Synästhesie? Ja – in beiden Fällen. Die Vorteile: Synästhetische Wahrnehmung macht kreativ. Ganz einfach schon dadurch, dass aufgrund der veränderten Wahrnehmung auch ganz andere Assoziationsketten als bei Nicht-Synnies möglich werden. So kommt es oftmals zu Kombinationen und Folgerungen, welche für den Synästhetiker ganz nahe liegend, für den Nicht-Synnie aber kaum (i. d. R. gar nicht) nachvollziehbar sind. Da werden unterschiedlichste Ressourcen in unterschiedlichster Art kombiniert – u. U. allein schon dadurch, dass zwei einander sehr ähnlich aussehende Geräusche durch völlig differierende Ursachen hervorgerufen werden. Kombiniert man diese Ursachen, dann ergibt sich etwas Neues. Das bezeichnen die Nicht-Synnies als Kreativität. Synästhetische Wahrnehmung – wenn man sie für sich selbst akzeptiert – stellt so gesehen durchaus ein Ordnungskriterium dar. Aber nur für den Synästhetiker. Synästhetiker finden sich daher vorzugsweise im künstlerischen Bereich. Hin und wieder aber auch auf technischem Gebiet, vorzugsweise dort, wo es gilt, Neues zu entdecken oder zu entwickeln. Denn dort ist – zumindest manchmal, wenn hierarchisch-systematisch-ökonomische Beschränkungen dies nicht ausschließen – ebenfalls Kreativität gefragt.

Ein Vorteil von eher indirekter Natur ist die Tatsache, dass die synästhetische Wahrnehmung neugierig auf alles Neue macht – denn jede neue Erfahrung ist auch eine synästhetische Erfahrung. Dies betrifft insbesondere den kulturellen Sektor, so dass Synästhetiker prinzipiell sehr vielseitig und aufgeschlossen sind. Beispiel Musikgeschmack: Es gibt keine Festlegung auf eine bestimmte Musikrichtung, wie bei den meisten Nichtsynnies. Die Spanne dessen, was ein Synnie bevorzugt, kann durchaus von der Musik nativer Völker über Klassik und Volksmusik bis hin zu Death Metal reichen. Nichtsynästhetiker bezeichnen den Musikgeschmack von Synästhetikern daher oftmals als furchtbar. Der Synnie beurteilt dann anhand seiner Perzeption die Musik vielleicht primär nach dem Aussehen, sekundär nach dem Text und erst tertiär nach der Rhythmik. Die Angabe „sekundär nach dem Text" weist übrigens schon darauf hin, dass Synnies im Allgemeinen auch noch über (Fremd-) sprachliche Fähigkeiten verfügen.

Als weiterer Vorteil betrachte ich die erhöhte Selbstsicherheit (wenn die nicht wäre, dann gäbe es auch dieses Buch nicht!). Die erhöhte Selbstsicherheit dürfte eine Folge der erweiterten Wahrnehmung – eben der Synästhesie – sein. Es gibt kompetente Personen wie Professor Hinderk Emrich, die daraus sogar die Aussage „eigentümliche Angstfreiheit" ableiten. Die erhöhte Selbstsicherheit bleibt auf das Verhalten von Synästhetikern beinahe zwangsläufig nicht ohne Einfluss. Synästhetiker „ecken an" (schon allein aufgrund der ihre Selbstsicherheit ausdrückenden Gestik) oder werden als anstrengend beschrieben – von den Nichtsynnies. Dem liegt jedoch zumeist nur ein Missverständnis zugrunde. So weisen Synästhetiker beispielsweise die Eigenheit auf, in Gesprächen große gedankliche Sprünge zu vollziehen – für den Synnie selbstverständlich, für den Nichtsynnie nicht nachvollziehbar. Ein/eine Synnie ist häufig zurückhaltend, tolerant und leise, ganz sicher aber ein wenig pfiffiger als die große Masse, eigeninitiativ und braucht Zeit für sich selbst (z. B. zum Nachdenken bzw. zum Verarbeiten der Wahrnehmungen). Synästhetiker sind sehr konzentrierte Gesprächspartner, extrem gute Beobachter und verstehen sich (trotz der individuellen Unterschiede in der Wahrnehmung) untereinander auch ohne viele Worte – selbst dann, wenn sie einander völlig fremd sind. Soweit zu den Vorteilen. Nun zu den Nachteilen, denn wo Licht ist, da ist auch Schatten.

Als einen augenfälligen Nachteil empfinde ich es, dass mir normalerweise komprimierte Musikformate sofort auffallen. OGG-Vorbis ist irgendwie „grünlicher" als das Original. MP3 ist „gelber" und obendrein „schaumiger". Es war interessant zu erfahren, dass es anderen Synnies hinsichtlich dieser Unterschiede ähnlich ergeht, obgleich die Differenzen individuell sehr verschieden wahrgenommen werden – beim einen ist die komprimierte Musik „blasser", beim anderen „flacher" usw. Um beim Thema Musik zu bleiben – viele Synästhetiker haben Probleme mit dem Erlernen von Notenzeichen. Auch bei mir selbst war jede diesbezügliche Mühe vergebens. Ganz einfach schon deshalb, weil man die Töne synästhetisch gänzlich anders erfährt als ein Notenzeichen dies auch nur ansatzweise wiederzugeben vermag. Von Nachteil empfinde ich auch die Synästhesie bei physischem Schmerz. Die ist da und die ist unterschiedlich. Wenn ich mir versehentlich einen Schraubenzieher in die Finger gerammt habe, dann ist es wie ein grell-golden-farbiger, zersplitternder Blitz. Bei einer Verrenkung oder so was (und im Moment des

Entstehens) sehe ich für einen Sekundenbruchteil eine Farbfläche, die sofort in Einzelsplitter zerfällt – als ob jemand eine Glasscheibe zerschlägt. Dann bin ich seit über vierzig Jahren noch Migräniker. Zu Beginn eines Migräneanfalls: Was vorher eine glatte, klare Form war, wird jetzt irgendwie „pickelig". Während des Anfalls: grell, blendend, zackig, unangenehm, übersteuert – da überlappt sich das mit der Migräne-Aura und ist nicht mehr auseinanderzuhalten. Es hat durchaus eine gewisse Ähnlichkeit mit einem Drogen-induzierten Horrortrip. Im Falle von Migräne betrachte ich die Synästhesie eher als quälend lästig, auch wenn ich sie sonst durchaus als absolut unverzichtbare Bereicherung empfinde. Mit der synästhetischen Wahrnehmung verhält es sich mal so und mal so. Die Farben und Formen sind eigentlich immer da. Nur gibt es hin und wieder Tage oder Zeiträume (meist die, an denen ich sowieso nichts auf die Reihe bekomme), wo auch die Synästhesie viel schwächer ist – selbst dann, wenn ich mich entspanne. So was macht mich zwar immer ziemlich unruhig (weil da was fehlt), kommt aber zum Glück nicht allzu oft vor. Am nächsten Tag ist dafür alles wieder normal. Was ist da Ursache, was ist Wirkung? Bekomme ich nichts auf die Reihe, weil die Synästhesie schwächer ist oder umgekehrt?

Im Falle meiner Synästhesie sind laute Geräusche – verbaler Streit! – äußerst entnervend. Die (pseudo?-) optischen Eindrücke „erschlagen" mich förmlich. Ähnlich geht es mir mit Reizüberflutungen – Kaufrausch und Konsumterror, Massenveranstaltungen, Bahnhöfe, Flughäfen, Riesenfeten usw. Ich versuche daher instinktiv, so was zu meiden – was einem dann sehr schnell den

Ruf einbringt, ein „Eigenbrötler" oder ein „Einsiedler" zu sein. Freundschaften gibt es nicht oder bestenfalls in Ausnahmefällen – denn Freundschaft schließt Gleichheit mit ein und dazu sind Synnies einfach zu selten. Auch finde ich es einfach ätzend, wenn eine (mir!) sonnenklare Situation von anderen, von „höhergestellten" Personen nicht in ihrer vollen Tragweite begriffen wird – wenn Kurzsichtigkeit vorherrscht. Meine Reaktion besteht dann aus Verärgerung und – wenn die Kurzsichtigkeit zu meinen Lasten geht – auch aus Aggressivität. Eine derartige Kurzsichtigkeit ist häufig der berühmte Tropfen, der das Fass zum Überlaufen bringt. Wenn ein hypersensitiver Synnie auf jemanden trifft, der sich selbst für das Maß aller Dinge hält, dann geht das normalerweise nicht gut. Als Synästhetiker weicht man zurück – lange und weit. Bis es irgendwann und für den „Aggressor" völlig überraschend zur „Explosion" kommt!

Synästhesie ist für mich – obgleich ich bewusst mit farbigen Buchstaben nichts anfangen kann – immer auch ein Ordnungskriterium. Verschiedene Vorgänge assoziiere ich mit verschiedenen Farben (ohne diese Farben wirklich zu „sehen"); als Synästhetiker „blickt man irgendwie weiter" (ich weiß nicht, wie ich's anders ausdrücken soll). Wenn man dann sieht, wie etwas aus dem Ruder läuft und anfängt, den Bach runterzugehen (weil die „Farbe" sich verändert)... – erläutern lässt sich so etwas den anderen gegenüber kaum, denn sie wissen nicht (können aufgrund ihrer eingeschränkten Wahrnehmung vielleicht auch gar nicht wissen) was man begreiflich machen will. Die Sprache hat auch nicht die richtigen Worte, die richtigen Begriffe, dafür. Alles was bleibt ist ein frustrierendes

„Ich hab's ja gleich gesagt!", wenn irgendwas mal wieder schief gegangen ist. Warnt man rechtzeitig, dann wird man schnell als „Cassandra-Rufer" oder als „Schwarzseher" abgestempelt oder sogar als störendes Element bezeichnet. Man lernt, den Mund zu halten (auch wenn man's besser weiß) und versucht, sich abzusichern. Leider geht das Absichern zulasten der weitaus sinnvolleren Kreativität – was (wen wundert's!) natürlich sehr unbefriedigend ist. Gerade Kaufleute und Betriebswirtschaftler tun sich hier in punkto Scheuklappen besonders unangenehm hervor – sie denken überwiegend nur in Teilbereichen und nur streng linear. Sie sind eben so ausgebildet (indoktriniert?) worden. Ihr Blick reicht (von einigen ganz wenigen „Exoten" einmal abgesehen – aber die sind dann selbst Synnies) keinen Millimeter über den Tellerrand hinaus und das Ganze überblicken sie nie. Folglich sind sie auch unfähig zum Einkalkulieren von Eventualitäten, welche für einen Synästhetiker selbstverständlich sind. Natürlich kann ein Synästhetiker auch versuchen, seine Wahrnehmungen abzulehnen, zu ignorieren. Psychischer Stress ist die Folge. Es ist nicht auszuschließen, dass das dann in einer ernsthaften Erkrankung – psychisch wie physisch – münden kann.

Was mir als Synnie da übrig bleibt, ist die Tauchstation, die Deckung, die Tarnung – da alles, was anders ist stört, muss im Strom mitgeschwommen werden wie es sich gehört (um Wolfgang Niedecken zu zitieren). Das nennt man Anpassung. Wer sich nicht akklimatisiert, der wird kaputtgemacht, der stirbt. Mimikry als Survival, genau wie im Tierreich. Die Sozialstrukturen unserer Gesellschaft funktionieren nun mal so; sie unterscheiden sich diesbezüglich kaum vom Rudel des canis lupus. Kants „Kategorischer Imperativ" („Handle so, dass die Maxime deines Willens jederzeit zugleich als Prinzip einer allgemeinen Gesetzgebung gelten könne" – steht so zwar in der Kritik der praktischen Vernunft, ist aber meiner unmaßgeblichen Meinung nach gleichzeitig auch die verständlichste Näherung zum Kategorischen Imperativ) ist reine Fiktion. Schade eigentlich; die Philosophie hätte viel zu bieten, gerade im Miteinander. Folglich führen Synnies – und ich selbst bin da nur ein Beispiel – ein Leben im Verborgenen. So was ist zwar äußerst unbefriedigend, aber auch absolut notwendig, wenn man nicht kaputtgehen bzw. kaputtgemacht werden will. Synnies entwickeln daher über kurz oder lang – verständlicherweise! – ein starkes Bedürfnis, sich auszutauschen. Oder einen Mitteilungsdrang, um den ganz wenigen aufgeschlossenen Nicht-Synnies verständlich zu machen, wie man Synästhesie empfindet. So wie ich es mit meinen Bildern rudimentär versuche, ohne zu schaffen, dass es wirklich uneingeschränkt „echt" aussieht.

Synästhetische Verhaltensweisen

Synästhetiker unterscheiden sich hinsichtlich ihres Verhaltens und ihres Temperaments von ihren Mitmenschen; sie sind „anders". Das ist eine Tatsache und die Mitmenschen von Synnies spüren das auch. Doch worin liegt diese „Andersartigkeit" begründet, welches sind die Unterschiede? Dieses Kapitel versucht, eine Antwort darauf zu geben. Wenn dabei deutlich wird, dass es sich bei Synästhetikern um die eigentlichen, unauffälligen „Macher" im Hintergrund handelt, dann ist das durchaus beabsichtigt und deckt sich mit meinen langjährigen Erfahrungen. Synästhesie ist eine grundlegende Persönlichkeitseigenschaft, welche das Erleben insgesamt beeinflusst. Das Verhalten eines Menschen wird auf mindestens zwei Arten maßgeblich definiert. Dies sind einerseits angeborene und andererseits erlernte Verhaltensweisen. Das synästhetische „Erleben" prägt das Erlernen und damit auch das Gesamtverhalten. Von besonderem Interesse am Verhalten von Synnics sind Empathie, Stille, Farbempfinden und Initiative. Jede dieser Eigenschaften wird nachfolgend separat erläutert, bevor davon ausgehend auf das Wesen eines Synästhetikers näher eingegangen wird.

Empathie: Als Empathie (griech. = Mitfühlen) bezeichnet man die Fähigkeit eines Menschen, sich in andere hineinzuversetzen und sich über ihr Handeln, Verstehen und Fühlen klar zu werden: zwischen den Zeilen lesen, Stimmungen wittern, Gefühle anderer spüren. Zu viele Menschen, zu große Massen nicht ertragen können. Stille lieben. Es sind wohl so ziemlich alle Synnies so genannte „hsp's" (highly sensitive persons, hochsensible Menschen). Hochsensible Subpopulationen sind im Tierreich der Standard. Sie umfassen rein zahlenmäßig etwa 15...20% einer jeden Spezies. Der Mensch macht da keine Ausnahme. Die Subpopulation beruht auf einem wahrscheinlich ererbten Temperamentsmerkmal. Dieses lässt die hochsensiblen Individuen zunächst innehalten, um Informationen tiefergehend zu verarbeiten, ehe sie sich in ungewohnte Situationen begeben. Solche Menschen gelten gemeinhin als schüchtern und still, was aber nicht zwangsläufig der Fall sein muss, denn hinsichtlich der letztgenannten Eigenart spielen die bisher bereits gemachten Erfahrungen (z. B. eine schwere Kindheit oder die Behandlung im Arbeitsalltag) die wesentliche Rolle. HSPs werden durch starke Reize schnell überstimuliert. Daher verzichten sie bspw. auf Parfums oder verwenden – wenn überhaupt – nur eine immer gleiche, unaufdringliche Marke. Sie nehmen unterschwellige Reize besser wahr als andere, machen Erfahrungen, welche an anderen vorüberziehen – und wissen daher i. d. R. auch immer ein bisschen mehr als andere. Gegenüber ihren Mitmenschen sind sie friedlicher, wenn sie alleine sind. Großraumbüros sind der reinste Horror für sie. Gewisse Leute jagen ihnen Angst ein, was ab einem bestimmten Punkt („der Tropfen, der das Fass zum Überlaufen bringt") zu Aggression führen kann. Wetterwechsel macht sie unruhig. HSPs flüchten generell vor Menschen mit aggressiver Ausstrahlung oder mit schlechter Laune. In vielen Kulturen hatten sensible Menschen ihren angestammten Platz. In alten Zeiten waren sie Priester oder königliche Berater. Heute sind sie häufig Künstler, Therapeuten, Schriftsteller – oder sie koordinieren ein Team aufgrund ihrer Fähigkeit, subtile Stimmungen besonders gut wahrzunehmen. Dies sind Eigenheiten, welche HSPs und Synästhetiker gemeinsam haben. Es gibt jedoch zwischen den beiden Gruppen auch noch einen grundlegenden Unterschied: HSPs neigen dazu, immer nur eine Tätigkeit durchzuführen, während Synästhetiker eher dazu tendieren, mehrere Aufgaben simultan zu lösen. Im letzteren Fall profitiert aufgrund von synästhetisch geprägten Gedankengängen die eine Arbeit von der anderen und die Lösungen sind häufig von nicht alltäglicher, unerwarteter Natur.

Stille: Synnies sind aufgrund ihrer Perzeption still in Auftreten und Verhalten, also sehr zurückhaltend. Sie tragen weder „laute" Kleidung (raschelnde Kunstfaser) noch „lautes" Schuhwerk (klappernde oder quietschende Schuhe). Aus dem gleichen Grund benutzen sie auch lieber Stoffbeutel oder Rucksäcke anstelle von Plastiktüten – womit sich eine ausgesprochen unangenehme „Geräuschsituation" (durch das beständige Rascheln des Plastikmaterials) vermeiden lässt. Da Synästhetiker über eine stark gesteigerte Wahrnehmung verfügen, geben sie ganz sicher keinen Alleinunterhalter, Partyschreck oder Animateur ab. Vielmehr benötigen sie „Auszeiten" zur Informationsverarbeitung, häufig in der freien Natur. Viele Synnies sind daher ökologisch interessiert und naturverbunden. Sie brauchen Zeit für sich selbst, zum Nachdenken – und sind aufgrund der Nachdenklichkeit auch normalerweise nicht schlagfertig. Um Überreizungen zu vermeiden, bevorzugen sie es, im Hintergrund zu bleiben. Dazu gehören u. a. eine farblich zurückhaltende Bekleidung und eine Sitzhaltung mit dem Rücken zur

Wand oder aber so, dass sie den ganzen Raum überblicken können. Dies macht sie manchmal zur Zielscheibe extrovertierter Menschen. „Geräuschfluten" versuchen sie, durch Wegdrehen des Kopfes oder aber durch die Verwendung von Kopfhörern zu entkommen. Gerade der letztgenannte Fall bietet ihnen die Möglichkeit, ihre Wahrnehmung gezielt zu steuern: Sie hören gerne Musik und schließen dabei die Augen. Damit werden Reizüberflutungen durch bunte Lichter (Neonreklame!) oder durch Blitzlichter (Disko) vermieden. Synnies meiden folglich auch Orte, an denen sie Gefahr laufen, derartigen Überreizungen ausgesetzt zu werden (Diskotheken, Kaufhäuser, Großveranstaltungen u. ä.).

Farbempfinden: Synästhetiker hassen allzu bunte Texte und Bilder, denn i. d. R. passen Farbgebung und Aussage – da von Nichtsynnies entworfen – nie zusammen. Ein typisches Beispiel dafür ist Vollmilch- und Zartbitterschokolade im Supermarkt. Zartbitterschokolade ist meist rot verpackt. Die Farbe Rot signalisiert dem Synästhetiker jedoch nur allzu oft den Geschmack „süß", während Blau (die Verpackung von Vollmilchschokolade) „bitter" bedeutet. Die beiden Schokoladesorten sind aus synästhetischer Sicht also völlig falsch verpackt – nur die selbsternannten „Synästhesie-Experten" aus der Werbung bemerken das nicht (weil sie die intermodale Analogie mit der Synästhesie verwechseln). Sehr ähnlich sieht es mit öffentlichen Auftritten (Plakate, Internetseiten u. ä.) aus. Dort „passen" die Farben ebenfalls nur in Ausnahmefällen zusammen. Nichtsynnies, welche sich entsprechende Farbkombinationen ausdenken, wundern sich hinterher nur, warum die Präsentationsobjekte nicht „wirken". Ein typisches Synästhetikermerkmal ist auch die Tatsache, dass eine Farbe von ihnen nicht einfach als Weiß, Gelb, Blau etc. beschrieben wird. Da ist immer noch mehr. Synnies legen sehr großen Wert auf die Nuancen. „Cremefarben", „Metallischblau", „Kupferrot", „Nass-Grün" u. ä. sind übliche Farbbeschreibungen von Synästhetikern. Die Detailtreue dieser Beschreibungen steht mit der Wahrnehmung in engster Verbindung.

Initiative: Das Synästhetiker sich im Hintergrund halten, bedeutet keineswegs, dass sie sich leicht führen lassen und nicht initiativ sind. Das genaue Gegenteil ist der Fall! Synästhetiker sind durchweg sehr gute und sehr gründliche Beobachter. Sie denken über ihre Beobachtungen gründlich nach. Sie sind üblicherweise überdurchschnittlich intelligent, aber sie behalten ihr Wissen so lange für sich, bis sie direkt gefragt werden. Sie verfügen über ein hohes Maß an „innerer Ruhe" und über eine sehr große Selbstsicherheit. Dies macht sie zu ausgesprochenen Individualisten. Aufgrund ihrer vom Normalbürger abweichenden Wahrnehmung folgen sie anderen Gedankengängen, anderen Assoziationen. Das führt dazu, dass sie in Gesprächen für andere nur schwer oder gar nicht nachvollziehbar von einem Thema zum anderen springen – unterhalten sich hingegen Synästhetiker miteinander, dann haben die (unabhängig von der Art der Synästhesie) keine Probleme damit, den „Sprüngen" des anderen zu folgen. Eine weitere Auffälligkeit ist darin zu sehen, dass praktisch alle Synästhetiker oft an merkwürdigen und nicht für alle anderen nachvollziehbaren Momenten im Gespräch lachen. Auch hier schließen sich Synnie-eigene Assoziationsketten – allerdings in humoristischer Weise. Eine überdurchschnittliche Intelligenz, gepaart mit andersartigen Assoziationen – so etwas führt zu Neuem. Synnies werden daher als kreativ beschrieben und als schlauer als die breite Masse betrachtet. Neben künstlerisch geprägten Berufen finden sich Synnies daher auch vorzugsweise dort, wo Tüftler, Bastler und Erfinder gefragt sind. Da sie sich im Hintergrund halten, meiden sie jedoch das Rampenlicht. Auf diese Weise neigt der Nichtsynnie dazu, den eigentlichen „Motor" des Ganzen schnell zu übersehen. Wird der „Motor" dann als vermeintlich verzichtbar entfernt (z. B. in Firmen im Rahmen von Entlassungen), dann wundert sich der Nichtsynästhetiker hinterher vergeblich, warum nichts mehr richtig „läuft"... Diese Erfahrung habe ich mehrfach machen müssen.

Nun lässt sich zwar ein Teil der o. a. Eigenschaften unmittelbar beobachten, doch dürfte ein Erkennen von Synästhetikern allein auf dem Wege der Beobachtung ausscheiden. Der Grund dafür ist so einfach wie auch nahe liegend: Alle beobachtbaren Eigenschaften gleichen häufig denen von Nichtsynnies. Sehr viel anders hingegen sieht es im Rahmen von Gesprächen aus. Das „Springen" und das scheinbar „unmotivierte Lachen" sind absolut typische Synästhetiker-Merkmale. Aber es gibt noch ein weiteres, bislang unerwähnt gebliebenes Synästhetiker-Merkmal. Prof. Dr. Hinderk Emrich von der Medizinischen Hochschule Hannover bezeichnete es in seinem vielbeachteten Buch „Welche Farbe hat der Montag?" als die schon erwähnte „eigentümliche Angstfreiheit". Dieser Ausdruck verlangt nach einer Erläuterung.

Emrich schreibt (Zitat): „An diesen Menschen fällt eine

eigentümliche Form von Angstfreiheit, psychischer Stabilität und innerer Geborgenheit auf. Es geht eine innere Ruhe von ihnen aus..." Gemeint dürfte damit die Tatsache sein, dass Synnies mit dem einmal Erreichten zufrieden sind, um sich danach sogleich neuen Ufern zuzuwenden. Das Streben nach „Mehr" in materieller Hinsicht fehlt ihnen weitgehend (was allerdings keinesfalls bedeutet, dass ein Synnie materielle Sicherheiten nicht zu schätzen weiß!). Die „eigentümliche Angstfreiheit" kann auch durchaus als Reaktion des Synästhetikers auf die Behandlung durch seine Mitmenschen angesehen werden. Einerseits weiß der Synästhetiker ganz instinktiv, dass es immer einen Weg gibt und dass er den auch finden wird. Dieses instinktive Wissen trägt enorm zur Selbstsicherheit mit bei. Andererseits reagieren Nichtsynnies auf synästhetische Wahrnehmungen normalerweise mit absolutem Unverständnis bis hin zu unverhohlener, offener Ablehnung. Letzteres geschieht wirklich: Mir selbst ist es bezeichnenderweise schon passiert, dass ein Nichtsynnie-Vorgesetzter versucht hat, mir die synästhetische Wahrnehmung ausdrücklich zu verbieten und sei es über den Umweg einer Hirnoperation! Zwar im Grunde unglaublich, aber dennoch eine Tatsache. Natürlich spielt hier die Angst des Betreffenden vor dem „Anderssein" eines Synästhetikers, vor dessen Selbstsicherheit, die entscheidende Rolle – doch bleibt auch festzuhalten, dass ähnlich ablehnende Erfahrungen wohl jeder Synnie schon machen konnte, welcher unvorsichtigerweise über seinen zusätzlichen Wahrnehmungskanal gesprochen hat. Die „eigentümliche Angstfreiheit" kann folglich auch durchaus als Reaktion des Synästhetikers auf die Akzeptanz durch seine Mitmenschen gewertet werden: Entweder der Synnie verliert die Angst vor der Ablehnung durch seine Mitmenschen oder er geht unter!

Weiter oben wurde gesagt, dass Synästhetiker in materieller Hinsicht mit dem einmal Erreichten zufrieden sind. In intellektueller Hinsicht hingegen gibt es niemals genug. Für den Synästhetiker ist der Weg an sich daher meist wesentlich wichtiger als das Ziel. Ein alltägliches Beispiel: Da soll ein DVD-Player an einen Fernseher angeschlossen und das Tonsignal auf eine Stereo- oder Heimkino-Anlage übertragen werden. Das TV-Gerät hat jedoch zuwenige Scart-Eingänge und am Verstärker ist auch nichts mehr frei. Was ist zu tun? Welche Kabel, welche Adapter werden gebraucht und wie müssen die beschaltet sein oder zusammengelötet werden? Welche elektrischen Grundlagen gilt es zu beachten? Welche Fehler könnten sich wo einschleichen und was wäre dann zu tun? Wo bekommt man die Teile für möglichst wenig Geld und in guter Qualität? Alles wird beschafft und zusammengebaut, wobei auch noch die eine oder andere rein mechanische Schwierigkeit zu überwinden ist. OK, die Aufgabe ist gelöst worden – der DVD-Player funktioniert jetzt: netter – wenngleich uninteressanter – Nebeneffekt, nächstes Thema. Dieses Beispiel zeigt, wie Synästhetiker denken: umfassend und Eventualitäten mit einkalkulierend. Jeder „Seitenweg" neben einem „Hauptweg" wird von vornherein gleich mit ausgelotet und berücksichtigt. Das erklärt auch, warum einige Synnies richtiggehend vernarrt in Forschungsaufgaben sind – sie sind geradezu von dem Drang beseelt, zu Entdecken und etwas Neues zu erschaffen.

Synnies befleißigen sich dabei einer umfassenden, globalen Sichtweise. In „Welche Farbe hat der Montag?" habe ich mal vom Pyramiden-Beispiel gelesen. Es passt meiner Meinung nach sehr gut auf Synästhetiker: Fünf Einäugige, welche aufgrund ihrer Behinderung keine räumliche Tiefe erkennen können, nähern sich einer Pyramide. Vier Personen von den Seiten und einer per Fallschirm von oben. Diejenigen, die von den Seiten kommen, sehen Dreiecke. Derjenige, der von oben herabschwebt, sieht ein Quadrat. Später streiten sie sich, um was es sich bei dem Objekt handelt. Durch mehrheitliche Abstimmung wird für „Dreiecke" entschieden. Nun kommt aber eine sechste Person, welche des räumlichen Sehens fähig ist, hinzu. Sie erkennt sofort, dass es sich bei dem Objekt tatsächlich um eine Pyramide handelt – hat aber (da in der Minderheit) alle fünf anderen gegen sich. Die fünf Erstankömmlinge entschließen sich, das vermeintliche „Dreieck" abzutransportieren. Dabei kommt es zu gänzlich unerwarteten Schwierigkeiten... – und die zuletzt eingetroffene Person, auf die niemand hören wollte, meint: „Ich hab's ja gleich gesagt!". Dieses Beispiel ist typisch für das (Un-) Verständnis, welches ein Synästhetiker von seinen Mitmenschen erfährt. Vor allem dann, wenn zukünftige Ereignisse seine (weitsichtige) Einschätzung einer Situation bestätigen, wirkt er auf andere sehr schnell unheimlich und somit auch störend. Dies ist im Grunde paradox, denn der gleiche Mitmensch würde seinem Hund oder seiner Katze eine weitergehende Wahrnehmung sofort zugestehen – nur einem Mitglied seiner eigenen Rasse nicht!

Die veränderte Wahrnehmung und die Reaktionen

darauf bleiben daher natürlich nicht ohne Folgen für den Synästhetiker. Hier seien mal stichwortartig nur ein paar Eigenschaften von Synnies aufgelistet – so, wie sie mir aufgefallen sind und ohne Anspruch auf Vollständigkeit:

– sehr großes Selbstbewusstsein, gepaart mit „innerer Ruhe"
– mitunter leichte Schwierigkeiten, aber auch bis hin zur Dyskalkulie, im mathematischen Bereich
– häufig ausgeprägtes Sprachgedächtnis (manchmal speziell Programmiersprachen betreffend)
– (sehr) gute Erinnerung an Gespräche und an verbale Anweisungen
– Bevorzugen von Ordnung, Symmetrie und Ausgeglichenheit (wobei jedoch die Ordnungskriterien Nichtsynnies durchaus chaotisch erscheinen können)
– Fähigkeit zum simultanen Lösen mehrerer Aufgaben
– Kreativität
– Toleranz
– Ruhe
– sehr hohe Sensibilität
– Introvertiertheit
– wenig oder nicht schlagfertig
– wenig oder nicht gesellig
– Verständigung durch ein sehr hohes Maß an nonverbaler Kommunikation: Körpersprache und Gestik sowie Empathie, mitunter im zeitlich-räumlich begrenzten Einzelfall bis hin zur Telepathie

(Stichworte „instinktives Verstehen" und „auf gleicher Wellenlänge sein")

- Synästhetische Logik (Kausalketten!) unterscheidet sich deutlich von herkömmlicher Logik
- Synästhetiker kalkulieren immer alle möglichen Eventualitäten mit ein (und behalten i. d. R. auch Recht!)
- vorausschauendes, folgenabschätzendes Arbeiten
- Synnies sind leise
- Synästhetiker verwenden nahezu immer Beispiele und Parabeln zur Argumentation
- Sie neigen zu einer schonungslosen Offenheit, welche manchmal wie „Schroffheit" wirkt
- Sie akzeptieren Kritik noch am Ehesten unter perzeptorisch/intellektuell Gleichgestellten
- Synnies meiden das Rampenlicht
- (sehr) kleiner Freundeskreis oder aber Einzelgängertum (denn Freundschaft setzt Gleichheit voraus!)
- dadurch auch ausgeprägter Individualismus
- Sie erinnern sich mitunter besser als Nicht-Synnies
- Sie haben manchmal Vorahnungen (Stichwort „Spökenkieker")
- Wahrträume (sich erfüllende Träume, präkognitive Träume)
- luzide Träume („Verlassen des Körpers" im Traum)
- häufige Déjà-vu-Erlebnisse
- Wachträume (Träume, in denen man weiß, dass man träumt und die daher auch beeinflussbar sind)

Aus der Auflistung geht hervor, dass Synästhetiker anders reagieren als Nicht-Synnies. Man stelle sich einmal folgende Situation vor: Da werden fünfzig oder mehr, einander wildfremde Leute in einem eigentlich viel zu kleinen Raum über Stunden hinweg zusammengedrängt. Jeder soll dann vor alle anderen hintreten und ein paar Minuten lang etwas sehr Persönliches über sich erzählen. Einfach so, ohne besonderen Grund, ohne Belohnung. Er kennt die anderen nicht und kann nicht abschätzen, wie die reagieren werden. Eine typische Stress-Situation. Wie reagiert Otto Normalverbraucher darauf? Spielt er mit? Oder protestiert er und verlässt entnervt die Versammlung – vorzeitig? Ich habe diese Situation erlebt – Nichtsynnies flüchten. Synästhetiker reagieren so: Es funktioniert. Jeder meldet sich zu Wort. Ohne Hemmungen, auch wenn er sonst nie so frei reden würde. Jeder wird verstanden. Eine Diskussion erübrigt sich weitestgehend, weil alle „auf der gleichen Wellenlänge" sind. Sogar die allgemeine Geräuschkulisse (geflüsterte Gespräche, Stühlerücken, Hüsteln, Rascheln von Papier usw.) unterbleibt völlig. Man könnte eine Stecknadel fallen hören. Jeder ist voll konzentriert. Synästhetiker reagieren eben anders – entsprechend ihrer anderen Form der Wahrnehmung.

In der o. a. Liste sind nun einige Eigenschaften dabei, die einer rationalen Sichtweise vollkommen zuwider laufen und die deswegen eher in irgendeine Esoterik-Ecke gehören sollten: Vorahnungen, Telepathie etc. Nicht alle Synnies haben solche Eigenschaften – und wer sie hat, der schätzt sie im Allgemeinen nicht und würde sie gern abstellen, wenn es denn möglich wäre. Und sind das wirklich (rudimentäre) parapsychologische Fähigkeiten? Lässt sich nicht vielmehr für jeden Effekt bei genauem Hinsehen auch eine durchaus zufrieden stellende, rationale Erklärung finden? Ein Beispiel: Jemand träumt von einer Naturkatastrophe (Erdbeben, Lawine, Tsunami...), ohne genaue Angaben über Ort und Zeit machen zu können. Liegt nicht die Wahrscheinlichkeit, dass so etwas irgendwann irgendwo einmal passieren wird, praktisch bei 100 Prozent? Kann es nicht sein, dass der Synästhetiker so auf unbewusst aufgenommene, nichtsdestotrotz aber bereits vorhandene Informationen reagiert?

Die Andersartigkeit der Reaktion eines Synnies lässt sich auch im ganz regulären Gespräch leicht feststellen. Bittet man jemanden, ohne lange zu überlegen ein Werkzeug, ein Musikinstrument und eine Farbe zu nennen, dann werden neun von zehn Personen antworten: „Hammer, Geige, Rot". Bei einem Synnie hingegen lautet die Antwort beispielsweise „Zange, Banjo, Marineblau". Eine derartige Antwort ist Perzeptions-geprägt. Doch es gibt noch weitere Unterschiede. Man geht davon aus, dass nur etwa zehn Prozent der Bevölkerung farbige Träume haben. Bei Synästhetikern sind es hundert Prozent. Auch bei Tests – sei es hinsichtlich intellektueller Fähigkeiten, EQ, Persönlichkeit, Charaktereigenschaften, Anpassung, Manipulierbarkeit und was es da noch so alles gibt – schneiden Synästhetiker nicht mit Mittelmaß ab. Ihre Ergebnisse liegen vielmehr immer im Bereich der unteren oder oberen zwanzig bis dreißig Prozent, meist sogar an den Endpunkten der jeweiligen Skalen. Dabei kommt es weniger auf das Abschneiden in einem einzelnen Test an als vielmehr auf die zusammen betrachteten

Resultate eines ganzen Testbündels. Was immer von derart Tests zu halten ist, so belegen sie doch im Vergleich zu Nichtsynästhetikern nur eines – nämlich dass Synnies anders denken als die breite Masse. Dieses andere Denken beeinflusst natürlich auch das Verhalten.

Nun ist „Andersartigkeit" jedweder Form eines beliebtes Ziel von Geschäftemachern, wie man sie beispielsweise in Sekten zuhauf findet. Dennoch findet man dort praktisch keine Synästhetiker – warum? Synästhetiker sind bei Weitem nicht in dem Maße wie Nichtsynnies manipulierbar. Synästhetiker neigen dazu, Manipulationstechniken zu bemerken und lehnen sie ab. Manipuliert werden wir aber alle, und zwar ständig – durch Werbung, Politiker, Massenmedien, Führungspersönlichkeiten, Marketing u. a. Auch Synästhetiker werden manipuliert und ein Entkommen ist nicht möglich. Aber sie sind wesentlich schwerer zu manipulieren (und zu führen) als Nichtsynästhetiker. Häufig genug durchschauen sie die Manipulationsversuche bereits im Ansatz. Sind sie vielleicht zu intelligent, um darauf hereinzufallen? Wenn man sich intensiver mit Synästhesie auseinandersetzt, dann stolpert man zwangsläufig über Parallelen. So sind Synästhetiker vergleichsweise selten. Wo und wie findet man sie? Eigentlich kann man ja überall suchen. Aber dennoch – es scheint Querverbindungen zu geben, warum auch immer. Querverbindungen zu Hochbegabung, zu Linkshändigkeit sowie zu Migränikern. Und zu den schon kurz angesprochenen außersinnlichen Wahrnehmungen. Über diese Querverbindungen – die synästhetischen Parallelen – informieren einige der folgenden Kapitel. Doch zuvor soll der Blick auf das Verhalten von Synästhetikern noch etwas vertieft werden – nämlich durch die Betrachtung des Synnies im Berufsleben.

Synästhetiker im Berufsleben

Synästhetiker sind ganz normale Menschen wie Du und ich. Sie sind nichts Besonderes. Wie im Kapitel über die synästhetischen Verhaltensweisen bereits dargelegt worden ist, werden sie aufgrund ihres Verhaltens und ihrer Intelligenz noch am Ehesten als „irgendwie anders" empfunden. Natürlich wirkt sich dieses „Anderssein" auch auf die Berufswahl, auf das Verhalten im Beruf und auf das Verhalten gegenüber anderen Menschen – also im Betrieb – aus. Synästhetiker sind ganz normale Leute, welche Außergewöhnliches zu leisten vermögen. Es lohnt sich daher, einmal einen Blick auf den Synästhetiker im Berufsleben zu werfen.

Synästhetiker sind kreativ. Um dem Rechnung zu tragen, muss im Berufsleben dem Synnie die Möglichkeit eingeräumt werden, sich selbst verwirklichen zu können. Dazu benötigt er Freiräume, und zwar gleich in mehrfacher Hinsicht. Ein Freiraum beispielsweise ist darin zu sehen, wenigstens einmal stündlich für ein paar Minuten „abschalten" zu können, um nicht einer Reizüberflutung zu erliegen. Das „Abschalten" besteht bspw. darin, kurz nach draußen zu gehen, kurzfristigen Außendienst zu verrichten u. ä. – geeignet ist eigentlich alles, was dazu dient, eine eintönige Arbeitsroutine „aufzubrechen". Darunter fallen auch abweichende Aufgaben oder eine ganz ordinäre Bildschirmpause (welche der Gesetzgeber zwar vorschreibt, der Arbeitgeber im Sinne kurzfristiger Interessen aber nur allzu oft und entgegen den arbeitsrechtlichen Regelungen auch gleich wieder verbietet).

Eintönige Routine hingegen ist für den Synnie tödlich! Synästhetiker sind i. d. R. stets bereit, auch Aufgaben außerhalb ihres eigenen Arbeits- und Verantwortungsbereichs zu übernehmen. Sie zeichnen sich dabei durch ein großes Pflichtgefühl und durch eine hohe Verantwortungsbereitschaft aus, indem sie Eigeninteressen zugunsten eines größeren Ganzen zurückstellen sowie Opfer für das Allgemeinwohl bringen. Sie helfen anderen, sie opfern Freizeit und leisten z. T. sogar unentgeltliche Arbeiten. Sie wissen aufgrund ihres Intellekts, wie welche Arbeiten zu erledigen sind und erwarten keine großen Erklärungen. Sie arbeiten am liebsten selbstständig. Ihre Triebfeder ist konstruktiv-kreative Leidenschaft. Hier ergibt sich allerdings bereits ein ernsthaftes Problem. Das heutige Wirtschaftsleben hängt der Doktrin „Business Is War" nach. Nur allzu oft liegt das Ziel eines Unternehmens dann darin, eine andere Firma vom Markt zu verdrängen (Stichwort Verdrängungswettbewerb). In einem solchen Fall ist die Triebfeder Hass und Zerstörung – und ein Synästhetiker würde das schnell herausfinden und seine Arbeitsleistung bewusst drosseln, wenn derart negative Gefühle zu Selbstzweifeln und zu innerer Zerrissenheit führen. In diesem Zusammenhang ist Dalai Lama XIV. zu zitieren. Er schreibt in „Das Buch der Menschlichkeit": „Wenn beabsichtigt wird, andere auszubeuten oder gar zu ruinieren, dann kann natürlich nichts Positives dabei herauskommen". Damit bringt er – wenngleich auch ungewollt – die beruflichen Ansichten eines Synästhetikers auf den Punkt. Betriebswirtschaft ist daher ein denkbar ungeeignetes Berufsfeld für Synästhetiker.

Versucht ein auf Verdrängungswettbewerb ausgerichtetes Unternehmen, die im Grunde ja sehr positiv zu bewertenden Fähigkeiten eines Synästhetikers im Sinne einer bewussten Manipulation auszunutzen, dann wird dies normalerweise immer mit ausgesprochen negativen Folgen auf die betreffende Firma zurückfallen. Mir selbst sind mehrere solcher Fälle zur Kenntnis gebracht worden, welche – man mag es vielleicht kaum glauben, doch es stimmt – jedes Mal (!) mit einem Konkurs des betreffenden Unternehmens endeten. Dies ist auch unschwer zu verstehen, wenn man berücksichtigt, dass es einen Synästhetiker nicht nach Macht, nicht nach Führungsrollen drängt. Er bleibt viel lieber im Hintergrund, wo er den „Motor" bildet – einen „Motor" allerdings auch, welcher seitens uninformierter Personen schnell übersehen wird. Synnies handeln in dieser Position ohne viele Worte und immer (ihrem durch die Wahrnehmung bedingten Instinkt folgend) im Sinne eines größeren Ganzen, also für höhere Ziele bzw. Ideale, und für die Zukunft. Dazu nochmals der Dalai Lama: „Ideale sind der Motor des Fortschritts". Synnies im Beruf haben daher eine (wenngleich auch nicht direkt erkennbare) zentrale Rolle inne. In dieser Rolle zeichnen sie sich durch Bemühen, Hartnäckigkeit und Courage aus. Sie stellen sich immer wieder selbst auf die Probe (z. B. indem sie vermeintlich „unlösbare" Aufgaben annehmen oder aber Aufgaben, an denen ihre Vorgänger kläglich gescheitert sind) und sind stets bereit, Opfer zu bringen. Engagiert verbeißen sie sich in Arbeiten und neigen zum Perfektionismus. Bei der Lösung solcher Aufgaben stehen Scharfsinnigkeit, Ernsthaftigkeit, Selbstlosigkeit und Erfindungsreichtum im Vordergrund. Das Ausnutzen solcher Fähigkeiten würde nun bedeuten, den Synnie manipulieren zu wollen. Synästhetiker manipulieren nicht und erwarten daher wie selbstverständlich, dass es nicht einmal zum Versuch kommt, sie selbst zu manipulieren. Sie leisten ihre Arbeiten freiwillig! Auf einen derartigen Manipulations- oder Ausnutzungsversuch reagiert der Synnie mit Verärgerung, ja gar mit Aggression. Er wendet sich ab, z. B. in Form einer „inneren Kündigung", und verfolgt danach insgeheim Eigeninteressen – und so etwas ist das Schlimmste, was einem Unternehmen passieren kann! Hier würde nämlich ein wertvolles Potenzial nicht nur ungenutzt bleiben, sondern obendrein sogar „verschüttet" werden.

An der richtigen Stelle eingesetzt wird sich ein Synästhetiker jedoch als wahrer Segen für ein Unternehmen erweisen. Da es sich bei Synnies um hochgradig sensitive und zudem auch noch sehr engagierte und kritische Personen handelt, sind sie nur schwer zu täuschende Verhandlungspartner. So ist es beispielsweise durchaus nichts Ungewöhnliches, wenn ein Synästhetiker als Neuling und Quereinsteiger in einem Berufsfeld bessere Abschlüsse erzielt als sein „gelernter" und berufserfahrener Kollege. Natürlich kann das zu Unstimmigkeiten aufgrund von Neid führen. Um die auszuräumen (oder besser noch: von vornherein zu vermeiden) ist viel Fingerspitzengefühl erforderlich. Keinesfalls darf versucht werden, den Synästhetiker mit dem klassischen Vorgesetzter-Untergebener-Verhältnis mundtot machen zu wollen. Dann nämlich ist der Synnie für das Unternehmen verloren! Synästhetiker setzen auf Zusammenarbeit. Sie arbeiten nicht mit Kollegen zusammen, sondern mit Freunden und Partnern. Sie begegnen anderen mit Anerkennung und Respekt, verlangen ihn aber auch selbst. Erhalten sie so etwas nicht, dann wird das als Affront empfunden – und Synnies sind aufgrund ihrer sehr hohen Sensitivität schnell beleidigt. Ein Unternehmen, welches Synästhetiker einsetzen will, die aber nur als „human ressources" betrachtet, braucht keine Synästhetiker! Synnies denken langfristig. Sie erwarten daher auch klare Vorgaben wie Weißbücher, Arbeitsanweisungen, Dokumentationen, Pflichtenlisten u. ä. (damit schon im Vorfeld nichts übersehen wird) und keine ständig, je nach „Tagesform" wechselnden Zielsetzungen. Auch so etwas führt zur „inneren Kündigung" – von Mobbing-Verhaltensweisen gegenüber ihrem „Anderssein" einmal ganz zu schweigen.

Wo also ist der Synästhetiker beruflich am besten aufgehoben? In einem Großraumbüro sicherlich nicht. Ein Team von zwei bis drei Personen ist für den Synästhetiker ideal, vier Personen bilden bereits das Maximum dessen, was (noch) nicht zur Reizüberflutung führt. Die Zusammensetzung der Teammitglieder ist dabei zweitrangig. Abwechslung ist nötig. Synnies überwinden sehr schnell kulturelle und ethnische Unterschiede. Sie erkennen die Leistung der anderen neidlos an und sie „wachsen" im Team, wenn auch sie anerkannt werden. Sie sind offen, ehrlich und neben einem Hang zum Sarkasmus verfügen sie über einen „verborgenen" Optimismus. Sie wecken keine falschen Hoffnungen und geben in kritischen Situationen einen guten und realistischen Rat. Sie sind schonungslos aufrichtig und handeln auch auf eigene Faust, wenn sie es für notwendig erachten. Sie tun für ihre Mitmenschen das Richtige (auch wenn die es vielleicht anfangs anders sehen). All diese Eigenschaften werden in kleinen Teams noch am besten toleriert und verstanden – bei größeren Gruppierungen hingegen ist es problematisch. So wird es immer zwischen den Synästhetikern und den Mitläufern, welche die Erfolge ihrer Kollegen für sich selbst beanspruchen und das dann auch noch karrieresüchtig weiter tragen, zu Reibereien kommen. Synästhetiker erkennen solche Personen schnell und wenden sich von denen ab – allein schon deshalb, weil bei den Letzteren verbale und nonverbale Kommunikation nicht zusammenpassen. Je größer ein Team ist, desto eher besteht auch die Gefahr, dort karrieresüchtige Mitläufer zu finden.

Der Synnie ist folglich genau dort am besten aufgehoben, wo er mit Menschen arbeiten, beobachten und selbstständig Aufgaben lösend auf ein bestimmtes Ziel hinarbeiten kann. Solche Positionen bietet z. B. das mittlere Management. Den Unternehmensinteressen kommt es dabei sehr entgegen, dass Synästhetiker durch Überzeugung andere anspornen können und dass andere ihnen Vertrauen entgegenbringen und daher auch folgen. In einer solchen Position ist der Synästhetiker nur ein widerwilliger Anführer und arbeitet selbst aktiv mit – was von den anderen respektiert wird. Er strebt höchstens dann zeitweise nach Macht, wenn anderen dadurch geholfen wird. Seine Stärke liegt im sinnvollen Koordinieren unterschiedlichster Interessen und Fähigkeiten. Dazu ein Beispiel: Mir selbst wurde einmal die Organisation einer Podiumsdiskussion namhafter Wissenschaftler übertragen. Diese Leute – jeder für sich eine Kapazität und daher auf seine Weise überaus selbstbewusst – hatten untereinander große persönliche Aversionen. Dies äußerte sich in Aussagen wie „Wenn Herr XY kommt, dann müssen

Sie auf meine Teilnahme verzichten!". Die Fronten waren dabei sehr verhärtet. Nachdem einer meiner Kollegen frustriert aufgegeben hatte, wurde ich mit der Organisation beauftragt. Es kostete mich zwar sehr viel Überzeugungskraft, die Leute an einen Tisch zu bringen, aber letztendlich klappte es – allein durch Argumentation. Das Beispiel zeigt, dass Synnies auch recht passable Berater und Organisatoren abgeben können.

Weitere Synästhetiker-geeignete Positionen bieten (Feld-) forschungsorientierte Wissenschaften wie Chemie oder Physik, Sprachwissenschaften, Ethnologie, die Informatik, die Pädagogik im Rahmen der betrieblichen Ausbildung und die betriebliche Verfahrenstechnik. Auf dem Gebiet der Forschung und Entwicklung gibt es wohl nur schwerlich Personen, welche gründlicher, kritischer und idealistischer als Synästhetiker sind. Im EDV-Bereich werden immer wieder überraschende Lösungen präsentiert, weil Synästhesie den zur Untersuchung bzw. Erstellung von Programmcodes erforderlichen Ordnungssinn zur Verfügung stellt. Als Ausbilder im Betrieb schafft es der Synnie, die Auszubildenden derart zu motivieren, dass sogar „aussichtslose" Fälle ihre Prüfung mit Auszeichnung ablegen. In der betrieblichen Verfahrenstechnik ist ein Synästhetiker der ideale Troubleshooter, denn er wird nicht eher Ruhe geben, als bis er einen prozesstechnischen Fehler gefunden und zuverlässig beseitigt hat. Solche Fehler gehen nur allzu oft mit kritischen Situationen einher – doch auch damit weiß der Synnie instinktiv umzugehen. Er fragt dann nicht, wird nicht handlungsunfähig und gerät nicht in Panik. Im Gegenteil. Der Synästhetiker bleibt ruhig, handelt im Rahmen seiner Möglichkeiten und – vor allem – er handelt richtig! Letztere Aussage soll anhand von sechs Beispielen untermauert werden.

Erstes Beispiel. Der Ort: Die französischen Alpen, im Gebirge oberhalb der Baumgrenze. Die Situation: Eine Jugendliche, zwar ortsunkundig, aber Synnie und eine ortskundige Betreuerin geraten in einen überraschenden Schneesturm. Sicht nicht mal einen Meter, keine Orientierungspunkte, kalter Wind und tränende Augen. Kein Weg mehr erkennbar, Stapfen durch oberschenkelhohen Schnee. Verirrt. Überall Felsabstürze und Spalten. Die Synästhetikerin übernimmt wortlos und automatisch die Führung, wobei ihre Führungsrolle in dieser Extremsituation nicht infrage gestellt wird. Sie folgt ihrem Instinkt. Beide erreichen wohlbehalten eine Schutzhütte.

Zweites Beispiel. Der Ort: Ein Kinderspielplatz mit Bänken ringsum. Die Situation: Eltern sitzen auf den Bänken, ein Vater ist Synästhetiker. Die Kinder schaukeln. Hoch. Höher. Plötzlich fliegt eines der Kinder in hohem Bogen von der Schaukel und knallt mit einem unangenehmen Platschgeräusch auf den Boden. Das Kind bleibt bewegungslos – bewusstlos! – liegen. Alle Eltern starren auf den Vorfall, ja beginnen sogar, sich über das Benehmen der Kinder aufzuregen. Helfen tut keiner. Bis auf den Synnie. Der ist schon bei dem ihm zwar fremden, jedoch verletzten Kind und leistet erste Hilfe, während die Mutter noch wie gelähmt herumsitzt. Das Kind ist zwar wieder bei Bewusstsein, blutet aber aus der Nase und muss sich übergeben. Der Synnie bittet die anderen Eltern, einen Notarzt zu informieren. Die wollen eine Diskussion nach dem Motto „ob-das-denn-nötig-wäre" anfangen. Schließlich hat er selbst sein Handy rausgefingert und telefoniert, während er das Kind hält und darauf achtet, dass nichts von dem Erbrochenem in die Luftröhre gelangt. Das Kind hat Glück gehabt. Der Notarzt diagnostiziert nur eine leichte Gehirnerschütterung, Nasenbluten und ein paar herzhafte Prellungen.

Drittes Beispiel. Der Ort: Eine Küche mit altem Rippenheizkörper. Die Situation: Ein Kleinkind klettert auf einen Abfallbehälter, tritt daneben und fällt just in dem Moment, in welchem die Eltern die Küche betreten, mit der Stirn auf eine der Rippen des Heizkörpers. Sofort sprudelt das Blut aus einer klaffenden Kopfwunde in hohem Bogen. Die Mutter bleibt wie angewurzelt stehen und schreit vor Entsetzen. Der Vater ist Synästhetiker. Er ergreift sofort das Kind, drückt die Wundränder zusammen, um die Blutung zu minimieren und bringt es umgehend zum Arzt.

Viertes Beispiel. Der Ort: Flight Eastern Airlines EA518Y Anfang September 1987 von Los Angeles nach Miami. Die Situation: Die überbuchte und im Grunde schrottreife Maschine war wegen Triebwerksausfall im freien Fall von Sollflughöhe auf Baumwipfelhöhe gesunken und hatte eine Notlandung in Houston gemacht. Nach etwa acht Stunden und einer eher provisorischen Reparatur ging es weiter in Richtung Miami. Über Florida stürzt das Flugzeug erneut. Panik bricht aus. Ein Synästhetiker und seine Frau sitzen der Chefstewardess gegenüber. Der Synnie sagt: „I trust in this captain. His emergency landings are great!". Die sieht ihn verwundert an, fängt an zu lachen, wendet sich seiner Frau zu und meint "Hit him!". Die Situation war schlagartig entspannt – trotz der Gefahr.

Fünftes Beispiel. Der Ort: Ein geschlossenes Gebäude mit einer falsch konstruierten Abwasserbehandlungsanlage, bei welcher das Abwasser sporadisch fault und große Mengen von Schwefelwasserstoff entwickelt. Die Situation: Die Faulung hat eingesetzt und der Schlamm aus einem Sedimentationsbehälter soll entfernt werden. Ein Synästhetiker ist zugegen und warnt vor dem Abschlammen, hat jedoch keine Weisungsbefugnis. Das Abschlammen wird durchgeführt. In der Halle bildet sich schlagartig eine Atmosphäre mit mehr als 6000 ppm an hochgiftigem Schwefelwasserstoff. Zum Vergleich – als maximal noch tolerierbar werden Werte um 10 ppm angesehen. Ein Arbeiter schafft es rechtzeitig, das Gebäude zu verlassen. Zwei weitere liegen schon bewusstlos auf dem Boden. Der Synästhetiker hat die Luft angehalten und schafft es mit letzter Kraft, das Hallentor hochzufahren, so dass die Frischluft das Giftgas verdrängt.

Sechstes Beispiel. Der Ort: Eine Anlage zur Vorbehandlung von Bandaluminium. Die Situation: Eine Bremse hat sich festgefressen. Der Zug auf das anderthalb Meter breite Aluminiumband wird zu groß. Es reißt. Die Enden – scharf wie eine Rasierklinge – fegen wie ein zerrissenes Gummiband durch die Halle. Ein Mitarbeiter vom Maschinenpersonal wird getroffen und verliert einen Arm. In diesem Moment kommt ein Synästhetiker in die Werkshalle. Per „Not-Aus" wird die Anlage zum Stillstand gebracht, um Schlimmeres zu verhindern. Der Verletzte ist bewusstlos. Der Synästhetiker stillt notdürftig die Blutung und bittet einen der zwischenzeitlich Eingetroffenen, zwei saubere Müllbeutel zu holen. Ein weiterer Mitarbeiter soll unverzüglich und bergeweise Eis aus dem Chemikalienlager besorgen. Ein Dritter einen Rettungshubschrauber ordern. Inzwischen ist auch die Fachkraft für Arbeitssicherheit eingetroffen. Sie kann kein Blut sehen und legt sich daher aus Solidarität gleich neben den Verletzten. Soll sie – zweitrangig! Der Arm kommt in den einen Sack, das Eis in den Zweiten und der Sack mit dem Arm dann da rein. Der Hubschrauber transportiert den Amputationsverletzten nebst Körperteil ab und ein Notarzt kümmert sich um die Fachkraft für Arbeitssicherheit. Der Amputationsverletzte hat seinen Arm behalten.

Dies sind jetzt nur einige wenige Beispiele, die zeigen, wie Synästhetiker mit kritischen Situationen umzugehen pflegen. Ein Synnie hat diese merkwürdige innere Ruhe und das „ganz-genau-Wissen-was-zu-tun-ist". Kritische Situationen kommen in Unternehmen immer wieder vor. Wenn dabei jemand zugegen ist, der Schlimmeres zu verhindern weiß, dann profitiert die Firma davon. Leider jedoch wird ein solches Verhalten in der Arbeitswelt nicht gewürdigt. Allrounder, welche aufgrund ihrer Intelligenz und ihrer Fähigkeiten fast jeden Job machen können, sind nicht (mehr) gefragt. Stattdessen entscheiden Personalstellen immer öfter rein nach Aktenlage und hierarchische Strukturen werden zementiert. Es darf daher auch nicht verwundern, dass viele Synnies ihr Glück stattdessen auf Gebieten wie Kunst, Design, Literatur, Musik oder im Gesundheitswesen versuchen. Ihre besonderen (und letztlich Profit bringenden) Fähigkeiten gehen der Industrie dadurch jedoch verloren.

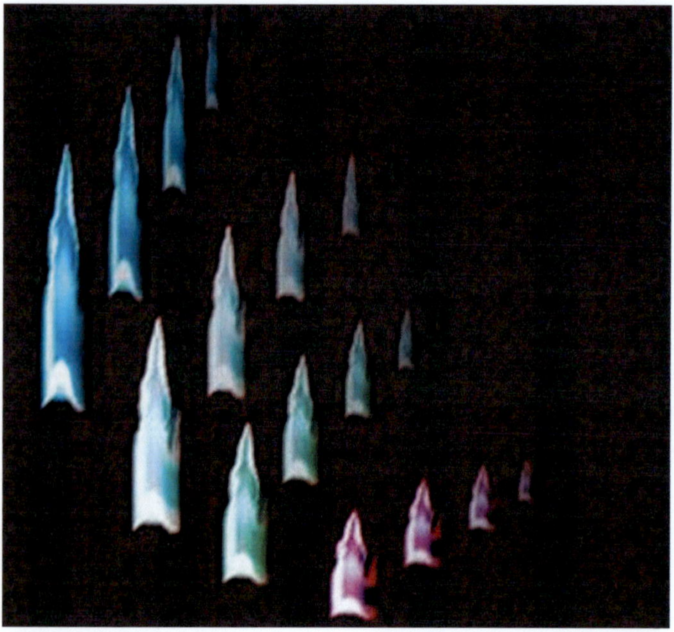

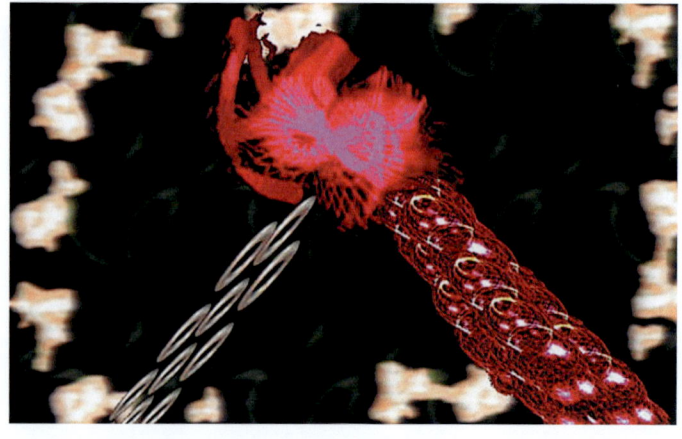

Synästhetische Visualisierung: Jean-Michel Jarre – Oxygene VII

Synästhetische Visualisierung: Void Main – Penguin Planet

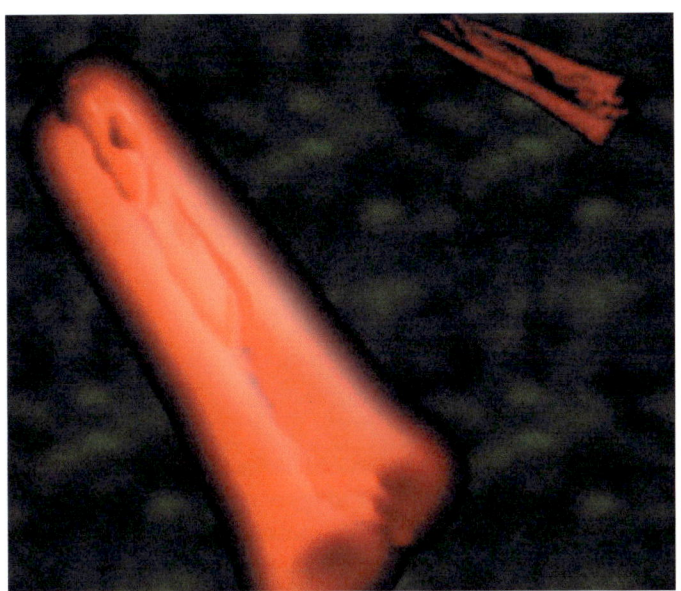

Tierstimmen-Synästhesie: Heulen zweier Wölfe

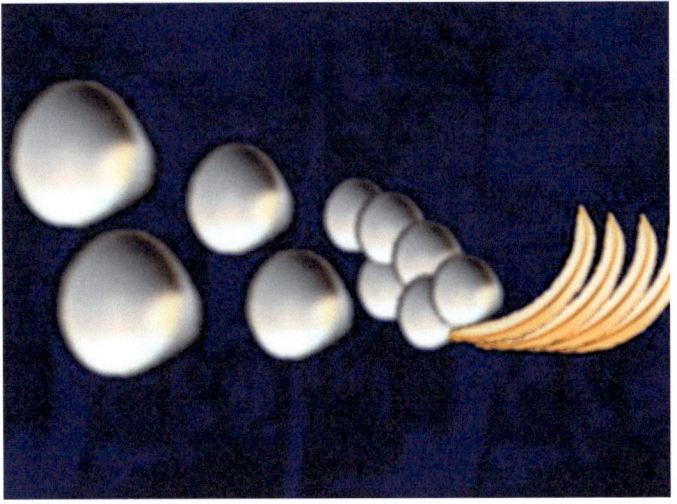

Tierstimmen-Synästhesie: Ruf des Auerhahns

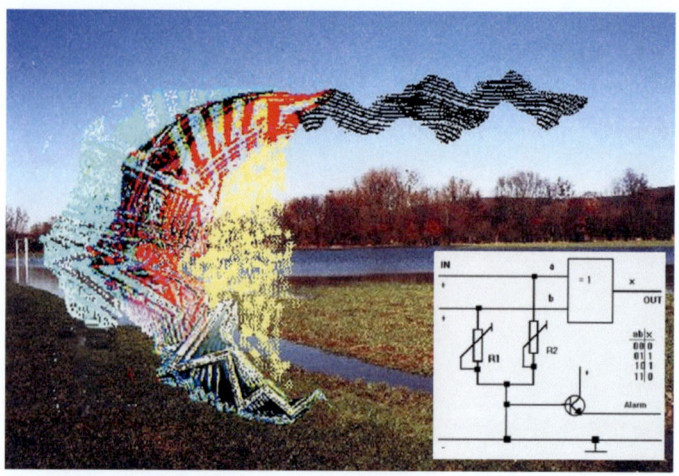

Mitunter hat die Migräne-Aura große Ähnlichkeit mit der synästhetischen Wahrnehmung – und ist dennoch ganz anders... Das XOR-Schaltbild zeigt modellhaft, wie es dazu kommen könnte.

$$\delta - \pi \approx \pi - \frac{1}{d} \approx \sqrt[e]{\pi}$$

Die "Freuwört'sche Beziehung" bildet in der Praxis eine recht brauchbare, wenngleich auch grobe formelle Näherung für das schwache Kausalitätsprinzip (Pi ist die Kreiszahl „3,1415926...", Sigma die Feigenbaumkonstante „4,6672...", e die Eulersche Zahl „2,718282..." und d die Konstante des „Goldenen Schnitts" „0,618...").

Synästhetische Parallelen:
Linkshändigkeit

Als ich noch zum Studium in Braunschweig weilte, ging ich ganz gerne mal nach den Vorlesungen zusammen mit einigen anderen Kommilitonen in das naturhistorische Museum. Irgendwann gab´s da auch mal eine Sonderausstellung über Leonardo Da Vinci mit Nachdrucken seiner Zeichnungen. Ich konnte die Beschriftungen darauf sofort lesen, auch wenn mir die Sprache unbekannt war. Das es sich um Spiegelschrift handelte, fiel mir eigentlich erst auf, als die anderen anfingen, über Da Vincis „Geheimschrift" zu rätseln. Da Vinci war Linkshänder. Er beherrschte Spiegelschrift. Das tun auch viele Synästhetiker. Dies haben sie mit einem Großteil der Linkshänder gemein.

Jedem, der sich schon einmal mit dem Thema „Händigkeit" auseinandergesetzt hat, dürfte der Name von Dr. Johanna Barbara Sattler ein Begriff sein (Infos im Internet unter „http://www.linkshaender-beratung.de/"). Vor geraumer Zeit diskutierte ich das Händigkeitsproblem einmal per Internet mit ihr und lernte sie dann später anlässlich eines Vortrags auch persönlich kennen. Unter den Synästhetikern trifft man auf auffällig viele Linkshänder, wenngleich diese Personengruppe auch dort eine Minderheit bildet. Allgemein wird der Linkshänderanteil in der Bevölkerung auf ca. 10% geschätzt. Bei den Synästhetikern ist er dreimal höher: eine durchaus signifikante Häufung! Man beachte auch die Zahlengleichheit im Vergleich zu dem prognostizierten Anteil an Migränikern in der Bevölkerung – Zufall? Auch ich selbst bin/

war Linkshänder seit Geburt. Aufgrund unserer historisch rechts-orientierten Gesellschaft wurde ich mit Eintritt in das Schulalter gewaltsam auf Rechts umgeschult (Tadel: „nur noch das schöne Händchen benutzen", Festbinden der linken Hand oder/und Schläge darauf). Dr. Sattler prägte für eine derartige Umschulung den Terminus „psychische Lobotomie", da hier die Tatsache, dass die Ursachen der Händigkeit organisch-biologischer Natur sind, auf sträflichste Weise ignoriert wird. Die „psychische Lobotomie" führt zu Fehlverhalten. Ich selbst mache da keine Ausnahme – meine feinmotorischen Fähigkeiten lassen sehr zu wünschen übrig. Manuelle Tätigkeiten verrichte ich instinktiv und vorwiegend noch immer mit der linken Hand. Wenn mich jemand währenddessen darauf anspricht, dann macht es irgendwo im Kopf „Klack!" (wie beim Umlegen eines Schalters) und die Koordination der Bewegungen ist schlagartig weg – der Schraubenzieher rammt sich wie von selbst in Hand und alles fällt runter. Andere finden das amüsant; mir selbst ist es immer unendlich peinlich. Auch unterlaufen mir häufiger als anderen Zahlen-, Wort- und Buchstabendreher. Das ist dann keineswegs mehr amüsant, sondern kann – zumindest auf beruflichem Sektor – richtiggehend gefährlich werden. Als Konsequenz daraus übe ich mich in strenger Selbstdisziplin und kontrolliere alles mindestens dreimal.

Händigkeit ist angeboren. Linkshändigkeit tritt familiär gehäuft auf und beruht auf genetischer Disposition – bei mir aus der Abstammungslinie mütterlicherseits, wie genealogische Recherchen ergaben (und alle Personen „traditionell" umgeschult; meinen Kindern habe ich das gegen den ausdrücklichen Willen der Großeltern glücklicherweise ersparen können!). Die Ausbildung der Händigkeit beruht auf einer unterschiedlichen Dominanz der beiden Gehirnhälften, ist ergo biologisch vorprogrammiert. Da diese kontralateral organisiert sind, ist bei Rechtshändern die linke Hirnhälfte und bei Linkshändern die rechte Hirnhälfte messbar stärker entwickelt. Den beiden Gehirnhälften werden nun aber auch unterschiedliche funktionelle Bereiche zugeschrieben. Der linken Hemisphäre (Rechtshänder) obliegen primär das analytisch-logische Denken sowie die sprachlichen Fähigkeiten. Die rechte Hemisphäre (Linkshänder) hingegen wird u. a. mit folgenden Eigenschaften in Verbindung gebracht:

– Fähigkeit zum simultanen, ganzheitlichen und vorausschauenden Denken
– verstärktes räumliches Vorstellungsvermögen
– verstärktes bildhaftes Vorstellungsvermögen
– gutes Melodiengedächtnis
– Erkennung von Gefühlen oder Spannungen anhand von Stimmen und Tonlagen
– intuitives Arbeiten und Lösen von Problemen
– Ideenreichtum
– Kritizismus, auch gegenüber sich selbst
– autonomer Subjektivismus („...Zeit für sich selbst haben...")
– Bevorzugung eines offenen Führungsstils
– höheres Sicherheitsbedürfnis und geringere Risikobereitschaft

Diese Eigenschaften werden nun aber von auch Synästhetikern, Migränikern sowie Hochbegabten geteilt – für mich ein eindeutiger Hinweis darauf, dass es Zusammenhänge geben muss! Und: Diese Zusammenhänge können nur organischer Natur sein – nämlich im Aufbau des Gehirns begründet. Die o. a. Eigenschaften kommen Kants Idealen (vgl. die „Kritik der reinen Vernunft") schon recht nahe – aber werden sie auch von der Gesellschaft benötigt oder honoriert? Man betrachte dazu einmal die ganz ordinäre Gruppendynamik.

Jeder, der schon einmal selbst ausgebildet hat, wird mit mir darin übereinstimmen, dass sich innerhalb einer Gruppe immer ein „Anführer" und immer ein „Außenseiter" herauskristallisieren. Das Gros sind die „Mitläufer". Der „Anführer" braucht keine besonderen intellektuellen, kreativen oder Problemlösungsfähigkeiten aufzuweisen. Er muss auch nicht besonders beliebt sein. Es gilt – wie im Tierreich – das Recht des Stärkeren, notfalls auch und gerade durch die finanziellen Gegebenheiten (denn auch das ist „Stärke"). Für die ihm selbst fehlenden Fähigkeiten hat er ja seine Gruppenmitglieder, seine Leute – die „Mitläufer". Der „Außenseiter" ist immer der, der in irgendeiner Form „anders" ist – also beispielsweise der Linkshänder oder der Synästhetiker oder der Hochbegabte. Die Gruppe betrachtet ihn gemeinhin nur noch als „nützlichen Idioten" (sofern er auf unkonventionelle Art Probleme löst), wenn er nicht gerade (mal wieder) als „Fußabtreter" missbraucht wird (was mit vorausschauenden Personen, also mit „Cassandra"-Rufern, gerne und oft geschieht). Daraus folgt, dass es für Synnies, Linkshänder, Migräniker und Hochbegate sehr schwer sein dürfte, sich in eine Gruppe einzufügen. Sich darin zu behaupten erscheint schier unmöglich – solange es an gesellschaftlicher Akzeptanz der „Andersartigkeit" mangelt!

Synästhetische Parallelen: Migräne

Von den Synästhetikern, die ich bisher kennen gelernt habe, waren wenigstens die Hälfte Migräniker – genau wie ich selbst. Synästhesie und Migräne scheinen daher recht häufig gepaart aufzutreten. Auch gibt es durchaus Querverbindungen zwischen der Migräneaura und der synästhetischen Wahrnehmung – warum? Die typische Migräneaura hat eindeutig optische Ähnlichkeit mit der synästhetischen Wahrnehmung. Mit der Synästhesie jedoch verhält es sich – um mal einen anderen Synästhetiker zu zitieren – wie mit einer Fliege auf der Fensterscheibe. Man kann den Blick auf die Fliege fokussieren. Das entspricht dann der Konzentration auf die Synästhesie. Oder man kann durch die Fensterscheibe nach draußen sehen. Das entspricht dann der herkömmlichen, nicht-synästhetischen Perzeption. Bei der Migräneaura entfällt diese Art der Differenzierung.

Die Migräneaura ist im Gegensatz zur Synästhesie nicht ausblendbar. Sie drängt sich auf, vergewaltigt. Der Schmerz kommt danach. Da ich bereits seit über 40 Jahren mit dieser Art von chronischem Kopfschmerz zu tun habe, war auch genügend Zeit, mich mehr oder weniger intensiv mit dem Thema zu beschäftigen – zumal unsere Schulmedizin diesbezüglich zu resignieren scheint. Dazu diskutierte ich über Jahre hinweg per Internet mit verschiedenen, gleichfalls betroffenen Personen sowie mit Ärzten. Zusammen mit Heinz Schmirl aus Bregenz (Info unter „http://www.gby.at/papillon/") entwickelte ich die Alarmanlagenhypothese (wobei Heinz´ Anteil daran wesentlich größer als mein eigener ist – ich beschränkte mich vorwiegend auf die biochemischen Abläufe). Die Alarmanlagenhypothese wurde von uns gegen Ende 1999 per Internet an verschiedenen Stellen zeitweise veröffentlicht. In Folge erschienen einige Publikationen namhafter Institutionen, welche die Hypothese in der einen oder anderen Form aufgriffen – ohne die Quellen zu nennen, wie nicht anders zu erwarten war! Aber das ist hier auch unerheblich.

Die Alarmanlagenhypothese besagt in kurzen Worten Folgendes: Schmerz ist ein Alarmzeichen. Alarm ist etwas, was vor unmittelbarer Gefahr warnt. Bei chronischen Kopfschmerzen ohne organisch-diagnostisch erkennbare Ursache wie bspw. Migräne muss somit eine Alarmbereitschaft vorhanden sein. Nach unserer Alarmanlagenhypothese ist diese Bereitschaft ein evolutionäres Überbleibsel von unseren Vorfahren. Wurde in prähistorischen Zeiten die Warnung ausgelöst, dann führte sie über erhöhte Hormonausschüttungen (z. B. Adrenalin) zu erhöhter Aufmerksamkeit und Abwehrbereitschaft, nicht jedoch zu Kopfschmerz. Im Verlauf der Evolution veränderte sich diese Alarmanlage, da sie aufgrund der sich verbessernden (Über-) Lebensbedingungen immer weniger benötigt wurde. Sie ist noch vorhanden, wurde aber „dejustiert". Sie greift noch heute bei ungesunden Umwelteinflüssen (Stress, Noxenexposition, als Warnung vor Wetteränderungen etc.) in das Hormonsystem ein – nur an anderer Stelle und damit bewirkt sie jetzt durch eine temporär begrenzte, pathologische Veränderung der Blutgefäße im Gehirn den Rückzug der/des Betroffenen: Einen Rückzug aufgrund von Schmerz, aufgrund von Wahrnehmungsstörungen (Aura, Mikropsie, Makropsie, Hypersensibilität usw.) und auch aufgrund von neurologischen Ausfällen (partielle Lähmungen, Schwindel, Übelkeit, Erbrechen).

Im Bild der Wissenschaft 6/2004 auf S. 42-45 erschien unter dem Titel „Leidgeplagte Schnelldenker" (von Christine Vetter) ein Beitrag, welcher die Alarmanlagenhypothese stützt, auch wenn Migräne dort als „krankhafte Störung" bezeichnet wird – Ansichtssache! Auffällig ist aber, dass der Artikel eines belegt: Das Gehirn von Migränikern nimmt Fakten schneller auf als das von Nichtmigränikern. Es verarbeitet die Reize auch schneller, so dass Migräniker messbar reaktionsschneller als Nichtmigräniker sind. Das Gehirn des Migränikers steht sozusagen „immer unter Dampf", wie auch durch EEG-Vergleiche belegt wird. Drängen sich da nicht Parallelen zum „aktiveren" Gehirn eines Synästhetikers auf? Beim Migräniker sind im EEG alle Kurvenausschläge deutlich größer. Als Ursache wird eine Mutation in den Genen, die für die Kommunikation der Nervenzellen untereinander zuständig sind (und hier insbesondere die Regulierung der Nervenaktivität durch den Strom an Kalzium-Ionen), prognostiziert. Das Gen liegt auf dem X-Chromosom – genau wie die vermutete Synästhesieursache. Schnellere Informationsverarbeitung und dadurch ein aktiveres Gehirn: Ist das nicht auch ein Merkmal von Hochbegabung? Und treten nicht Hochbegabung und Synästhesie i. d. R. auch gepaart auf? Man müsste blind sein, um da keinen Zusammenhang zu sehen!

Genau wie bei der synästhetischen Wahrnehmung ist an der Migräne das limbische Systems des Gehirns maßgeblich beteiligt (Dahlem et. al., Sacks u. a.). Es wird von

Heinz und mir postuliert, dass die Alarmanlage darin prinzipiell ähnlich einer XOR-Schaltung (logische Exklusiv-ODER-Schaltung) funktioniert. An dieser Stelle zum besseren Verständnis ein kleiner Exkurs in die Grundlagen der Elektrotechnik: Die Exklusiv-ODER-Schaltung weist standardmäßig zwei Eingänge und einen Ausgang auf. Strom, welcher auf einem der beiden Eingänge mit ausreichender Spannung anliegt, wird zum Ausgang durchgeschaltet. Liegt hingegen auf beiden Eingängen eine Spannung an, dann erfolgt eine Blockierung beider Eingangssignale. Jedes (blockierte) Eingangssignal für sich kann über Widerstände gegen Masse abgeleitet werden. Den beiden Widerständen nachgeschaltet ist die Basis eines Transistors. Wird der Strom eines blockierten (nicht durchgeschalteten) Signals nun über den zugehörigen Widerstand gegen Masse abgeleitet, dann passiert er auch die Basis des Transistors und steuert damit dessen Durchlässigkeit.

Übertragen auf Migräne bedeutet das, dass in dem sehr stark vereinfachenden XOR-Modell zwei Eingangssignale (Sinnesreize) a und b existieren, welche widersprüchliche Informationen beinhalten („schädlich" und „in Ordnung"). Beide treffen auf ein XOR-Gatter, welches im Schaltungsmodell in etwa der Filterwirkung des limbischen Systems im Gehirns entsprechen soll. Das Gatter lässt den Strom – den Sinnesreiz – nur dann durch, wenn einer der beiden Zustände in hinreichender Stärke, nicht jedoch beide, anliegt. Mal angenommen, der Impuls „schädlich" liegt nur knapp unterhalb der Schaltschwelle an. Dann wird „in Ordnung" durchgelassen und „schädlich" über den Widerstand abgeleitet. Wodurch sich der

Widerstand aufheizt – u. U. solange, bis er durchbrennt. Wenn beide Impulse „in Ordnung" und „schädlich" gleich stark und oberhalb der Schaltschwelle auftreten, wird gar nichts mehr durchgelassen und beide Informationen finden ihre Ableitung über die Widerstände – bis hin zum Durchbrennen. Der Transistor dient als Verbraucher und nimmt einen Teil der Last, die zum Durchbrennen des Widerstands führen würde, als neuen Steuerimpuls auf. Er verhindert damit nicht nur das Durchbrennen, sondern erzeugt stattdessen sogar einen dritten, nämlich einen „echten" Warnimpuls, der verschiedene Stärken annehmen kann. Was hier jetzt vorliegt, ist eine echte 3-Punkt-Logik mit den Schaltzuständen „Richtig", „Falsch" und „Vielleicht" (wobei „Vielleicht" unterschiedliche Größen annehmen kann, also Fuzzy-Logik ist, und daher dem Warnimpuls entspricht). Wahrscheinlich sind tatsächlich sogar noch zusätzliche Rückkoppelungen der Ausgangs- auf die Eingangssignale zu berücksichtigen.

Die Alarmanlagenhypothese impliziert, dass Migräne genauso wie Synästhesie etwas mit der Wahrnehmung zu tun hat – was durch den Genlocus (auf dem X-Chromosom) gestützt wird. Die Migräne entspringt dem gleichen Hirnareal, welchem auch die synästhetische Wahrnehmung zugeschrieben wird – nämlich dem limbischen System. Ein Zusammenhang zwischen beidem scheint nahe zu liegen. Tatsächlich habe ich die Erfahrung gemacht, dass Migräne die Synästhesie sehr stark zu beeinflussen vermag – jedenfalls bei mir selbst (wie es bei anderen ist, weiß ich naturgemäß nicht). Dem Migräneanfall geht typischerweise eine Heißhungerphase voraus. Im Verlauf dieser Phase beginnt sich die synästhetische Wahrnehmung zu verändern – was vorher eine glatte, klare Form war, das wird jetzt irgendwie „pickelig" oder „stachelig". Wenn der Migräneanfall sein Maximum erreicht hat, dann überlagern sich Synästhesie und Migräneaura – die Wahrnehmung ist grell, blendend, zackig, unangenehm und übersteuert. Was ist dann Aura, was ist übersteuerte Synästhesie? Ich zumindest kann es nicht mehr auseinander halten! Der Versuch, durch bewusste Beeinflussung der Synästhesie auch Einfluss auf den Migräneverlauf nehmen zu wollen (wie es seitens der Migräneliga einmal empfohlen worden ist, nachzulesen im Migräne Magazin Heft 10 „Die Farben des Schmerzes: Synästhesie – Sinneswahrnehmungen während einer Migräne-Attacke"), ist in der Praxis angesichts des Gefühls beim Migräneschmerz von vornherein zum Scheitern verurteilt.

Aber wovon kommt das? Was führt zur Auslösung der „Alarmanlage Migräne"? Betrachtet man die Häufigkeit von Migräneanfällen anhand eines Kopfschmerztagebuchs, dann lassen sich vier Bereiche differenzieren: fehlender Schmerz, Dauerkopfschmerz, periodisch wiederkehrende Anfälle und ein indeterministisches Auftreten. Das aber lässt sich mathematisch analog zur Verhulst'schen Wachstumsdynamik formulieren:

$x_{i+1} = x_i * r * (1 - x_i / k)$

Die Variable „x" entspricht hier der Anfallsstärke auf einer Skala von 0 (keine Migräne) bis 5 (ein Anfall bis hin zur Bewusstlosigkeit). Die maximale Anfallsstärke wäre mit „k" auf den Betrag 5 festgelegt. Fehlt noch „r" – worunter im Falle von Migräne die Summe belastender Faktoren wie z. B. Stress, Wetter und was da noch so zusammenkommt zu verstehen ist. Der Betrag für „r" entspräche damit einem Belastungsfaktor. Er kann ebenfalls Beträge bis 5 annehmen.

Nun weisen solche Formeln wie die der Wachstumsdynamik noch eine Besonderheit auf. Bildet man nämlich die Berechnungsresultate im Koordinatensystem gegeneinander ab, dann ergibt sich ein Bild (bei der 2D-Darstellung) bzw. ein Körper (bei der 3D-Darstellung) – der Mathematiker spricht bei dieser Darstellungsart vom „Phasenbild" bzw. vom „Phasenportrait". Diese Abbildung entspricht dann dem untersuchten System – hier also dem Migränegeschehen – soweit es durch die Formel beschreibbar ist. Darin kommen häufig Lücken vor, vor allem dann, wenn ein chaotisches Verhalten mit im Spiel ist. Diese Lücken können durchaus einem anderen System, welches einer anderen formellen Beschreibung bedarf, entsprechen. Ist die Abbildung des Phasenbildes rechnerisch begrenzt (hier also durch die Maximalbeträge für r und k), und kontrahiert sie in mindestens einem Punkt (hier also bei r=0 und x=0), dann spricht man von einem „Attraktor". Münden alle Berechnungsresultate, welche zuvor stabile (statische oder periodische) Lösungen zeigten, in ein indeterministisches (chaotisches) System (bei r>3,7), dann ist dies ein typisches Kennzeichen so genannter „seltsamer Attraktoren" („strange attractors"). Es erschien mir daher sinnvoll zu sein, die berechneten Resultate der Simulation als Phasenportrait (Belastung r gegen Anfallsstärke x) abzubilden. Leider hatte ich dafür kein ordentliches Simulationsprogramm zur Verfügung, so dass eine Quick-And-Dirty-Lösung aus verschachtelten Schleifen (äußere Zählschleife für r, innere Zählschleife für i, dann

Berechnung und Punktausgabe im Koordinatenkreuz) herhalten musste – Schema:

```
FOR r=(Startwert>0) TO 4
FOR i=1 TO Endwert
x(i+1)=x(i)*r*(1-x(i)/k)
Zeile=x
Spalte=r
Zeichne bei (Zeile,Spalte) „.“
NEXT i
NEXT r
```

Doch selbst dieses noch sehr primitive Phasendiagramm gestattet schon recht überraschende Aussagen, lässt es doch einen grundlegenden Zusammenhang zwischen Migräne und Kopfschmerz vermuten. Es kennzeichnet nämlich drei grundlegend verschiedene Bereiche. Da ist einerseits das Gebiet der Schmerzfreiheit. Hier treten weder Kopfschmerz noch Migräne auf. Nach Überschreitung eines bestimmten Punktes aber geht es los – dort wird das "Migränefeld" abgebildet. Wie bei den Löchern in einem Käse sind darin begrenzte Bereiche enthalten, in welchen zwar Kopfschmerz vorkommt, nicht jedoch Migräne.

Die Übergänge zwischen allen diesen Bereichen sind nicht „scharf" und daher ist es auch nicht möglich, immer und zuverlässig zwischen Migräne und Kopfschmerz differenzieren zu können. Vielmehr scheinen beide miteinander verwandt zu sein und mal überwiegt das eine, mal das andere. Fakt ist aber, dass gemäß der zugrunde gelegten mathematischen Beziehung die „eigentliche" Migräne nur dann ausgebildet werden kann, wenn dafür eine

Anfangsbedingung vorhanden ist – andernfalls bildet sich „nur" Kopfschmerz aus. Diese Anfangsbedingung könnte durchaus in der Alarmanlagenhypothese zu suchen sein, in einer genetisch oder entwicklungsgeschichtlich bedingten Disposition: einmal Migräniker, immer Migräniker – vgl. die durch Studien belegte familiäre Häufung! Ich habe in zig verschiedenen Quellen recherchiert – die Migränehäufigkeit in der Bevölkerung wird ziemlich einheitlich mit 8-12%, also im Mittel mit 10%, angegeben. Die Angaben zur Dunkelziffer hingegen schwanken je nach Quelle zwischen 20 und 50%, wobei im letzteren Fall darauf hingewiesen worden ist, dass da auch andere Kopfschmerzformen mit „drin" sein könnten. Bleiben wir also vorsichtig bei der 20% Dunkelziffer. Zusammen mit den mittleren 10% Migränikern macht das 30%. Setzt man nun mein berechnetes „Kopfschmerzfeld" mit 100% der Bevölkerung gleich und planimetriert es, dann macht der Migränebereich ziemlich genau 29% der Bevölkerung aus – Zufall???

Doch was hat das jetzt noch mit Synästhesie zu tun? Eigentlich eine ganze Menge, wenn man sich einmal klarmacht, wodurch Migräne ausgelöst wird. Sicher, da gibt es die viel beschworenen Trigger. Aber warum lösen die einmal Migräne aus und ein andermal nicht? Es spricht einiges dafür, dass eine gewisse Grundbelastung vorhanden sein muss, damit die Trigger „greifen" können. Zur Grundbelastung zu rechnen sind u. a. Umweltgifte, Schlafprobleme, Infektionen, Genussgifte, Reisen, Überanstrengung, Nahrungsmittelunverträglichkeiten (z. B. Kohlehydrate, Gluten, Glutamin...) und – natürlich! – Stress. Erst beim Vorliegen einer ausreichend hohen Grundbelastung können bei entsprechend sensitiv veranlagten Personen die Trigger (z. B. Rotwein, Schokolade, Bananen, Käse, Wetterumschwung, Rauch...) auch „greifen". Synästhetiker aber sind – wie bereits dargestellt wurde – hochsensible Personen, eben HSP´s. Unter der Grundbelastung ist jetzt „Stress" aufgeführt. Was aber ist Stress? Einige Antworten:

–   Wenn ein Synästhetiker seine Fähigkeiten verstecken muss, um nicht als unzurechnungsfähig zu gelten.

–   Wenn ein Hochbegabter sich unbedingt an das Mittelmaß anpassen muss, um nicht ausgegrenzt zu werden.

–   Wenn ein Linkshänder gewaltsam auf Rechtshändigkeit umgeschult wird.

Zumindest bei mir selbst passt es zeitlich sehr gut. Meine Migräneerkrankung begann just in dem Zeitraum, als alle der o. a. Faktoren zusammen eintraten. Verwundert es da noch, dass sich unter den Synästhetikern viele Linkshänder und viele Hochbegabte finden – und dass ein Großteil davon an Migräne leidet?

Synästhetische Parallelen: Hochbegabung

Eine Frage vorweg: Wie mag sich ein Alien fühlen, welches die Rolle eines Eingeborenen auf einem kleinen blauen, übervölkerten Planeten in einem völlig aus der Mode gekommenen westlichen Seitenarm der Galaxis angenommen hat?

Der österreichische Kabarettist Werner Schneyder äußerte einmal: „Unter sozialen Randschichten kann man auch die Intelligenz verstehen". Intelligenz ist nur ein anderes Wort für Hochbegabung. Hochbegabung zeigt sich u. a. an folgenden Eigenheiten:

– Hochbegabte besitzen eine hohe Eigenverantwortlichkeit.

– Sie haben ein hohes Lernbedürfnis und eine hohe Ausdauer bei Lernprozessen.

– Sie haben oft ein hohes Arbeitstempo.

– Sie durchschauen sehr schnell Ursache-Wirkungs-Beziehungen.

– Sie suchen nach Gemeinsamkeiten und nach Unterschieden.

– Sie erkennen sehr schnell zugrunde liegende Prinzipien.

– Sie können sich in andere einfühlen.

– Sie sind hochgradig sensibel.

– Sie akzeptieren keine Autorität, ohne sie kritisch zu prüfen.

– Sie können schnell gültige Verallgemeinerungen herstellen.

- Sie zeigen eine ausgeprägte Kreativität bei für sie interessanten Aufgabenstellungen.
- Sie können außergewöhnlich gut beobachten.
- Sie lesen oft sehr viel von sich aus und bevorzugen Bücher.
- Sie sind bemüht, Aufgaben stets vollständig und in Perfektion zu lösen.
- Sie sind bei Routinearbeiten leicht gelangweilt und lösen Aufgaben oftmals unkonventionell.
- Sie sind selbstkritisch und ausgeprägt individualistisch.
- Sie schwimmen gegen den Strom.
- Sie arbeiten gern unabhängig, um hinreichend Zeit für das eigene Nachdenken über ein Problem zu haben.
- Sie sind flexibel im Finden von Lösungen.

Man achte besonders auf die Überschneidungen der oben genannten Hochbegabten-Eigenschaften mit den Synästhetiker-Eigenheiten, welche im Kapitel „Synästhetische Verhaltensweisen" aufgeführt sind! Um Hochbegabung aufzufinden, werden Tests durchgeführt – häufig so genannte „Intelligenztests" Eysenck'scher Prägung. Dabei sind von einer definierten Probandenanzahl Aufgaben in einem vorgegebenen Zeitraum zu lösen. Trägt man die Anzahl der gelösten Aufgaben gegen die Probandenanzahl auf, dann ergibt sich eine Gauss-Verteilung. Per Definition wird der Scheitelpunkt der Glockenkurve als „IQ 100" festgelegt (IQ = Intelligenzquotient), woraus auf nomografischem Wege die Skalierung der betreffenden Achse abgeleitet werden kann. Üblicherweise liegen 96 %

der Probanden in einem Bereich zwischen IQ 75 und IQ 125; jeweils ca. 2 % darüber bzw. darunter. Die darüber liegenden 2 % werden als hochbegabt, die darunter liegenden 2 % gemeinhin als (geistig) behindert bezeichnet. Im Brockhaus von 1996 ist ein IQ von unter 69 als äußerst niedrig (schwachsinnig) ausgewiesen.

An diesen Quantifizierungen zeigen sich jedoch bereits die systematischen Probleme. Da ist einerseits die willkürliche, relative „IQ100"-Festlegung als Mittelwert. Unterschiedliche Tests ergeben unterschiedliche Mittelwerte. Demnach ist ein mit einem numerischen Quotienten angegebener Intelligenzgrad sinnlos – oder: „Intelligenz ist, was der Test misst". Ein so ermittelter IQ kann immer nur einen relativen Vergleich darüber erlauben, was in diesem einen Test, zu diesem einen Zeitpunkt, mit genau dieser Probandenzusammensetzung und unter exakt diesen Bedingungen für Leistungen erbracht worden sind. Diese Einschränkungen werden aber – wie ganz zweifellos jeder bestätigen kann, der schon einmal anlässlich von Einstellungsgesprächen mit derartigen Tests konfrontiert worden ist – in der täglichen Praxis ignoriert.

Je nach Kulturkreis gibt es differierende Schwerpunkte und somit differierende, nicht vergleichbare Tests. Jemand, der in den USA ein Testergebnis erzielt, welches ihm Hochbegabung bescheinigt, kann in einem europäischen Test problemlos mit „schwachsinnig" abschneiden. Das allein wirft schon ein deutliches Licht auf die Aussagekraft solcher Tests! Dennoch werden sie durchgeführt, weil man sich davon quantitative Aufschlüsse über die Fähigkeiten von Menschen verspricht – durchgeführt insbesondere vom Bereich der Personalwirtschaft. Dazu ein

Beispiel: Im Jahr 1976 musste ich als einer von knapp 80 Probanden anlässlich der Musterung bei der Bundeswehr an einem Test nach Eysenck teilnehmen. Drei davon – ich gehörte auch mit dazu – wurden zu einem zweiten Test abkommandiert. Auch dies war ein reiner Leistungs-/ Beobachtungstest ohne jegliche kreative Ansprüche. Der zweite Test beinhaltete Aufgaben für Hochbegabte, wie sie bspw. im „Mensa"-Spieltest enthalten sind. Derartige Rätsel sind im Grunde langweilig, denn sie laufen immer nach „Schema F" ab. Da ist eine logische Folge, deren Prinzip es zu erkennen gilt. Bei Buchstabentests funktioniert es genauso. Reihen bestehen dann aus soundsoviel Buchstaben und die Abstände dazwischen folgen einem numerischen Betrag. Letzterer errechnet sich im einfachsten Fall anhand der vier Grundrechenarten und in komplizierteren Fällen auf der Basis von Exponentialfunktionen oder durch Radizieren. Es wird in jedem Fall immer nur Beobachtung, Kombinatorik und Rechenfähigkeit getestet. Unkonventionelle, kreative Lösungsansätze hingegen werden mit derartigen Tests nicht erfasst. Daher bin auch ein entschiedener Gegner solcher Testverfahren.

Nach der Auswertung des zweiten Tests bei der Bundeswehr eröffnete man mir, ich verfüge über einen IQ von 143. Auf meine Frage, ob mir das was nützt oder schadet, konnte keine Antwort gegeben werden. Inzwischen aber kann ich mir die Frage selbst beantworten. Der Schriftsteller Sigmund Graff sagte einmal: „Dummheit nützt häufiger, als sie schadet. Darum pflegen sich die Allerschlausten dumm zu stellen." Dem muss ich mich leider anschließen. Man ist permanent gezwungen, diesen Anpassungsprozess fortwährend zu leisten – überall, in der

Familie, auf der Arbeitsstelle, im Bekanntenkreis usw. Es ist exakt das Gleiche wie das Verstecken der Synästhesie. Oscar Wilde kommentiert das so: „Jeder Erfolg, den man erzielt, schafft einen Feind. Man muss mittelmäßig sein, wenn man beliebt sein will."

IQ-Tests erfassen immer nur Teilbereiche individueller Fähigkeiten – und selbst diese Erfassung ist weder normiert noch von Kultur zu Kultur vergleichbar. Daher lehne ich solche Tests rundweg ab und stelle die aus ihnen abgeleiteten Aussagen mehr als nur infrage. Soziale Kompetenz, vernetztes Denken, Selbstreflexionsfähigkeit – all das, was den „ganzen" Menschen und sein Verhalten ausmacht, bleibt dabei nämlich auf der Strecke. Es ist nicht messbar! Es gibt Ansätze, diese „Ganzheitlichkeit" mit den so genannten EQ-Tests (EQ = emotional quotient) zu messen. Doch auch EQ-Tests kranken an den gleichen prinzipiellen Problemen wie IQ-Tests. Ja, sogar noch weitaus schlimmer: Sie testen ausschließlich die Fähigkeiten zum Mittelmaß, zum „Alles-Schlucken" unter jeder Bedingung, zum Mitläufertum – eben die Eigenschaft, „geführt" werden zu können! Gerade aber die „Führung", die „Erziehbarkeit" – wie gewisse Personengruppen sich auszudrücken pflegen – ist sowohl bei Hochbegabten wie auch bei Synästhetikern (und – natürlich! – immer dann, wenn beides zusammen kommt) besonders problematisch. Wie soll denn ein Hochbegabter jemanden als Autorität akzeptieren, der ihm intellektuell unterlegen ist? Wie soll denn ein Synästhetiker jemanden als Führungskraft anerkennen, dessen Wahrnehmungsvermögen eingeschränkt ist, weil dem „Führenden" schlichtweg ein „Sinn" fehlt? Mit der „Führung" ist das folglich problematisch, weshalb

EQ-Tests zur Anwendung gelangen: Man versucht damit, Probleme mit Menschen bereits im Vorfeld zu vermeiden. EQ-Tests aber sind – wenn man das ihnen zugrunde liegende Funktionsprinzip erst einmal erkannt hat – derart leicht manipulierbar, dass die aus ihnen abgeleitete Aussagekraft gegen Null tendiert! Fazit daraus: Man kann die Psyche und die Fähigkeiten eines Menschen nicht „vermessen", auch wenn es noch so verlockend erscheint!

Was aber hat das jetzt mit Synästhesie zu tun? Auf drei Gemeinsamkeiten – nämlich auf Verhaltensgemeinsamkeiten, das Versteckspiel und auf die fehlende Führbarkeit – wurde bereits hingewiesen. Das alte Sprichwort „Stille Wasser sind tief" ist hier sehr viel angebrachter als jeder wie auch immer geartete Test. Der Einsatz von Tests in der beschriebenen Form eignet sich kaum, um Begabungen und um besondere Fähigkeiten zu erkennen. Eine besondere Fähigkeit der Synnies ist beispielsweise die Kreativität, welche zwar fälschlicherweise nur allzu oft mit Hochbegabung gleichgesetzt wird, dennoch aber eine gänzlich andere Fähigkeit ist. Wendet man hier jedoch das Drei-Ringe-Modell von Renzulli aus dem Jahre 1979 an, dann sieht die Sache gänzlich anders aus. Die drei Kreise beim Renzulli-Modell beinhalten:
1. hohe intellektuelle Fähigkeiten
2. hohe Kreativität
3. hohe Aufgabenverpflichtung/Motivation

In der Schnittmenge der drei Kreise ergibt sich Hochbegabung. Hohe intellektuelle Fähigkeiten und oftmals hohe Verpflichtungen bzw. Motivationen sind ebenfalls etwas, was Synnies auszeichnet. Ergo kann es auch nicht verwundern, wenn der Anteil an Hochbegabten unter den Synnies höher ist als beim Rest der Bevölkerung.

Und wie reagiert der Rest der Bevölkerung auf so was? Das Establishment empfindet Hochbegabung als ein Privileg, insbesondere dann, wenn die Hochbegabung den „gehobenen" sozialen Schichten entspringt. Dann wird die Hochbegabung mitunter sogar stillschweigend vorausgesetzt – auch wenn sie real fehlt. Ihre Förderung ist dennoch obligatorisch. In den unteren Schichten der sozialen Hackordnung sieht es gänzlich anders aus. Die Gesellschaft hängt hier der Doktrin „Was Hans nicht lernt, lernt Hänschen nimmermehr" an. Es gibt für Hochbegabte und für Synnies auf dieser Ebene nur zwei Möglichkeiten: Versteckspiel (Anpassung), weil Anderssein nie (!) akzeptiert wird. Oder aber soziale Ausgrenzung nebst aller damit verbundenen Nachteile – bis hin zur Kriminalisierung aufgrund von emotionalen Abläufen hoher Intensität und Unkonventionalität im rationalen Verhalten. Besonders betroffen sind Kinder, denn die Schule hilft hier nicht weiter. Im Gegenteil: Kreativität stört im (Fliessband-) Unterricht und Empfehlungen für weiterführende Schulen orientieren sich aufgrund der gesellschaftlichen Indoktrinierung immer und praktisch ausschließlich an der sozialen Herkunft – ungeachtet der individuellen Fähigkeiten! Die betreffende Selektion fördert vorwiegend das Mittelmaß, wie durch verschiedene und voneinander unabhängige Studien (PISA, Euro Student 2000 u. a.) erst in jüngster Zeit wieder bestätigt worden ist. Dieses (ungeeignete) System ist schon seit Jahrhunderten fest eingefahren! Der frz. Schriftsteller François Duc de La Rochefoucauld (1613–1680) kommentierte das so: „Mittelmäßige Geister verurteilen gewöhnlich alles, was über ihren Horizont geht."

Wie deutsche Schulen mit (Hoch-) Begabung und mit Fähigkeiten wie Kreativität oder Synästhesie umgehen, lässt sich kurz und knapp anhand der Vorurteilsdynamik darstellen. Alles Schlechte, das der Pädagoge in einem Kind argwöhnt, wird durch diesen Argwohn auch hervorgerufen. Der selbstinduktive Charakter dieses Verhaltens bewirkt, dass der gute Schüler durch die in ihn gesetzten Erwartungen noch besser und der schlechte Schüler durch das auf ihn projizierte negative Stereotyp noch schlechter wird. Es gab dazu einen Schulversuch, in dessen Verlauf Lehrer ihnen bis dato unbekannte Schüler unterrichten sollten. Den Lehrern wurde lediglich mitgeteilt, einige Schüler seien „gut" und einige „schlecht". Was ihnen nicht mitgeteilt wurde, war der Charakter des Versuchs und die Tatsache, dass die „guten" Schüler zuvor real schlechte Leistungen und die „schlechten" Schüler zuvor real gute Leistungen erbracht hatten. Es ist offensichtlich, wie der Versuch ausging: nämlich auf Basis einer „self-fulfilling prophecy" – die vermeintlich „guten" Schüler waren am Ende des Lernabschnitts noch besser und die vermeintlich „schlechten" Schüler noch schlechter geworden (vgl. hierzu auch „O. F. Bollnow: Die pädagogische Atmosphäre – Untersuchungen über die gefühlsmäßigen zwischenmenschlichen Voraussetzungen der Erziehung", 1964). Die zitierte Untersuchung ist über vierzig Jahre alt. Man sollte meinen, dass dies ein ausreichender Zeitraum für Verbesserungen hätte sein sollen – mitnichten! Geändert hat sich nämlich gar nichts, ganz im Gegenteil: Auch und gerade die soziale Herkunft eines Kindes wird herangezogen, um seine Begabungen zu beurteilen. Ich selbst habe mehrfach (in Bezug auf verschiedene Personen) aus berufenem Pädagogenmund den Satz gehört: „Arbeiterkinder haben auf dem Gymnasium nichts zu suchen". Aber es kommt noch schlimmer: „Es geht nicht darum, dass die Kinder … lernen, sondern dass sie den Stoff der nächsten Arbeit können" (O-Ton einer Lehrerin auf einem renommierten Gymnasium anlässlich eines Elternsprechtages). Lehrkräfte, die solche Aussagen treffen, haben meiner unmaßgeblichen Meinung nach ihren Beruf verfehlt. Wie sollen die dann Kinder, welche bestimmte Begabungen aufweisen, fördern können? Die individuelle Betreuung bleibt dabei vollends auf der Strecke. Hochbegabte Synästhetiker aber sind Individualisten und bedürfen einer solchen Betreuung, auch und gerade als Kinder. Ergo: Auch die bleiben auf der Strecke.

Damit das nicht geschieht, ist die Folge das Versteckspiel – auch noch im Erwachsenenalter. Doch das ist durchaus ein sehr zweischneidiges Schwert. Natürlich kann man sich ein gutes Buch nehmen, anstatt sich vom allgegenwärtigen Berieselungskanal das Kleinhirn wegspülen zu lassen. Legt man solche Verhaltensweisen jedoch häufiger an den Tag, dann wird man schon seltsam angesehen – selbst im engsten Familienkreis. Vor allem ist es dann bspw. auf der Arbeitsstelle nicht möglich, zwecks Vortäuschung von Anpassung mitreden zu können. Dort ist es ohnehin notwendig, sich auf einem Niveau zu bewegen, welches nicht das eigene ist, damit man akzeptiert wird. Langweilt man sich aber im Rahmen der öden Routinearbeiten oder aber der normalen Unterhaltungs-Zumutung oder verbleibt man zu lange auf dem eigentlich intellektuell ungeeigneten Niveau, dann besteht vielleicht nicht gerade die Gefahr, zu verblöden, aber im günstigsten Fall verfällt man der Stagnation. So was kann ernsthaft krank machen – doch die Gratwanderung dazwischen ist um keinen Deut besser! Gratwanderung bedeutet nämlich, sich nur gerade mal soviel anzupassen, wie nötig ist, um noch nicht ausgegrenzt zu werden. Damit das aber funktioniert, ist permanente Wachsamkeit erforderlich – und (psychische) Kraft, die sich anderweitig sehr viel nützlicher einsetzen ließe!

Nun könnte man versuchen, getreu Wilmar H. Shiras Klassiker „Children of the atom" aus dem Jahre 1953 (einem heute eher unbekannten Roman, der Hochbegabten sehr gut auch als Verhaltenslehrbuch dienen kann) durch Kompensation einen Ausweg aus diesem Dilemma zu finden – doch auch hier scheitert man am System! Ich habe das selbst vor einigen Jahren erfahren müssen, als ich noch Aufsätze für eine renommierte Fachzeitschrift anfertigte. Diesen Aufsätzen (sie handelten von Chemie, Online-Messtechnik, fraktaler Mathematik usw.) wurde – schriftlich und mehrfach! – ein sehr hohes Niveau bescheinigt und mir selbst ein hohes Maß an Kreativität. Ich war um diese Aufsätze gebeten worden. In den darauf folgenden Leserbriefen wurde ich mit allen möglichen akademischen Titeln angesprochen und machte mir die Mühe, die Leute dahingehend zu korrigieren, dass ich nur ein dummer kleiner Sachbearbeiter, gerade mal mit einem Technikerabschluss in einem inzwischen schon nicht mehr anerkannten Beruf, bin (anerkannt ist nur noch mein „Technischer Assistent"). Nachdem das bekannt geworden war, musste ich förmlich um die Möglichkeit zur Publikation betteln – ungeachtet der Aufsatzinhalte, denen weiterhin das gleiche sehr hohe Niveau bescheinigt wurde. Denn in unserer Titel-hörigen Gesellschaft gilt: So ein Verhalten für einen Nicht-Akademiker gehört sich doch einfach nicht!

Auch gelten Hochbegabte, welche aus den o. e. Gründen zum Versteckspiel gezwungen sind, bei ihren „lieben Mitmenschen" schnell als sonderbar, schroff oder gar unheimlich – warum wohl? Ist es ein Zeichen von Hochbegabung, wenn man Selbstverständlichkeiten von vornherein in seine Überlegungen mit einbezieht und gar keiner besonderen Erwähnung würdigt? Beispielweise die Bezugstemperatur bei Messungen, den Biorhythmus bei Geschäftsterminen, die tageszeitabhängige Leistungskurve bei Besprechungen und hochkonzentriert zu leistenden Arbeiten, die für bestimmte Resultate erforderlichen Prämissen usw. Sehr viele und nicht hochbegabte Leute halten aber gerade das, gerade diese Selbstverständlichkeiten für „Hintergedanken". Hintergedanken werden nach verbreitetem Vorurteil nur allzu oft mit „Falschheit" gleichgesetzt. In Folge geschieht etwas, was wohl jeder Hochbegabte und jeder Synnie schon am eigenen Leib verspüren durfte: Er wird nicht verstanden und als „launisch", „unheimlich" oder gar als „Geheimnistuer" abgelehnt. Er lernt daraus, vorsichtig mit seinen Äußerungen zu sein. Doch schnell wird dann „Muffeligkeit" unterstellt... Um wie viel besser aber könnte alles laufen, wenn man auf die rein schon seitens der Biologie auferlegten Sachzwänge Rücksicht nähme? Ein Hochbegabter würde bestimmt keinen Gedanken daran verschwenden, so etwas Hirnrissiges wie den Termin für eine wichtige

Geschäftsbesprechung um fünfzehn Uhr nachmittags anzuberaumen. Aber so etwas darf ja in Gegenwart von weniger verständigen Mitmenschen nicht mal laut gedacht werden...

Gut, dann lässt man das bleiben und taucht wieder unter. Der Hunger nach „geistiger Nahrung" bleibt jedoch. Er wird nicht gestillt (kann gar nicht gestillt werden!) – ich weiß das aus eigener Erfahrung, denn hinsichtlich meiner sozialen Herkunft stamme ich „aus der Gosse". Denn auch hier verhindert das Establishment wirksame Veränderungen: Gute Bibliotheken finden sich nur in den größeren Städten. Wer dort wohnt, hat Möglichkeiten. Auf dem Land gibt es diese Möglichkeiten nicht. Stadtwohnungen sind aber teuer – schon allein aus finanziellen Erwägungen heraus kann nicht jeder in die Stadt ziehen (auf dem Land lebt sich's auch ruhiger!). Es bliebe noch die Möglichkeit, Bücher zu kaufen. Doch Bücher sind kostspielig und wer nicht viel Geld hat, der denkt zuerst an seine Familie, an seinen fahrbaren Untersatz und an sein Dach über dem Kopf – also auch hier: finanzielle Einschränkungen; Sachzwänge, welche sehr wirkungsvoll verhindern, dass der Hunger nach „geistiger Nahrung" gestillt wird. Die untere Ebene der sozialen Hierarchie kann daher nicht verlassen werden – auch nicht vom eigenen, u. U. gleichfalls hochbegabten Nachwuchs (s. o.)!

Für hochbegabte Synästhetiker (und das sind nach meinen Erfahrungen die meisten; mindestens ein Drittel derer, die ich kennen gelernt habe, ist auch gleichzeitig „Mensaner") bedeutet das: Sofern sie nicht von sich aus „auftauchen", um sich zu Gruppierungen Gleichgesinnter zusammenzuschließen, bleiben sie allein – und zwar für immer, inklusive aller daraus resultierenden etwaigen Probleme! Die Gesellschaft selbst ist nur auf Mittelmaß ausgerichtet und wer dieses Mittelmaß nicht mitbringt – wie beispielsweise Hochbegabte oder Synästhetiker oder beides – der ist demzufolge auch nicht „gesellschaftsfähig"!

Synästhetische Parallelen: ASW

Anstelle einer Einleitung gibt es hier ein paar Fallbeispiele:

Spätsommer 1964, mein letztes Jahr vor der Einschulung. Wir Kinder sammeln Kastanien. Die Unterhaltung läuft – da in einem kleinen Dorf in Norddeutschland – vorwiegend in Plattdeutsch mit hochdeutschem Einschlag ab. Da ist ein uralter Kastanienbaum, riesig groß. Einer seiner mächtigen Äste ragt über Grundstücksgrenze und schmiedeeisernen Zaun hinaus bis auf die Strasse. Die anderen Kinder sammeln Kastanien; ich selbst stehe abseits und werde aufgefordert, mitzumachen. Ich schüttele den Kopf, habe Angst und sage „Der Ast bricht ab!". Sie lachen mich aus. Ein paar Tage später – kein Sturm, nichts – ist der Ast tatsächlich abgebrochen. Er hat den gut meterhohen Eisenzaun glatt zerschlagen und auch den gemauerten Steinsockel schwer beschädigt. Jetzt erst sammele ich selbst Kastanien: jede Menge! Die anderen geben mir daraufhin den (plattdeutschen) Spitznamen „Spökenkieker" (Spukseher) – was mir noch auf Jahre hinaus nachhängen sollte. Zufall oder Präkognition?

- Schnitt -

Ende der sechziger Jahre. Ein entfernter Verwandter väterlicherseits (wir Kinder nannten ihn nur „Opa Jacobeit") war zu Besuch. Er bestritt seinen Lebensunterhalt als Geistheiler; eine feste Arbeit hatte er nicht. Er kam ganz gut mit dem zurecht, was die Leute ihm aus Dankbarkeit gaben – nachdem er ihnen (wie auch immer) geholfen hatte. Ich stritt mich in meinem jugendlichen Hochmut mit ihm; behauptete, so was wie er es angeblich machte, gäbe es nicht. So wurde uns das ja auch in der Schule beigebracht. Er stand an der Küchentür, ich am Treppenhaus – dazwischen vielleicht vier Meter. Ich drehte mich um und wollte nach unten gehen. Plötzlich zog sich ein brennend-schneidendes Gefühl vom Nacken den Rücken herunter. Ich drehte mich um; er lächelte und sagte „Glaubst Du mir immer noch nicht?". Zufall oder Psychokinese?

- Schnitt -

Im Jahre 1976, morgens mit den Öffis auf dem Weg zum Studium nach Braunschweig. Im Bus klettert ein kleines Mädchen auf ihren Sitz und dreht sich zu mir um, sieht mich an. Ich sehe ihr in die Augen und weiß – die fährt auch nach Braunschweig. In Salzgitter muss ich umsteigen und verliere sie aus den Augen. In Braunschweig auf dem Hauptbahnhof sehe ich sie kurz wieder. Zufall oder Telepathie?

- Schnitt -

Anfang der achtziger Jahre. Es ist Nacht; ich schlafe. Träume von einem Feuer. Ich werde wach, weil das Prasseln der Flammen so laut ist. Verdutzt blicke ich aus dem Fenster: Da ist nichts! Ich lege mich wieder hin. Etwa zwei Stunden später werde ich wieder vom lauten Prasseln der Flammen geweckt. Diesmal brennt es wirklich lichterloh – und nur gut fünfzig Meter von unserem Haus entfernt. Später stellt sich heraus, dass es ein Pyromane war, der das Spritzenhaus der Feuerwehr angezündet hat. Telepathie oder Präkognition?

- Schnitt -

Etwas später, aber auch ungefähr in dem Zeitraum. Wieder ein Wahrtraum: Ich schwimme irgendwo im Meer, kämpfe mit letzter Kraft gegen eine geradezu übermächtige Strömung an. Als ich salziges Wasser schlucke, wache ich auf. Ein paar Monate später. Büsum – hier habe ich einen Großteil meiner Kindheit verbracht. Ich liebe das Watt und das Hiesige kenne ich wie meine Westentasche. Heute will ich die Seehunde auf Blauortsand beobachten. Fünfzehn Kilometer hin und fünfzehn zurück – gut zu schaffen, wenn man bei ablaufendem Wasser rausgeht. Gesagt, getan. Erstmal Richtung Süderpiep. Das Wasser steht allerdings doch noch etwas höher als erwartet. Macht nichts, da schwimme ich rüber, kein Thema. Dann aber: Der Ebbstrom ist unerwartet stark. Zieht mich in Richtung auf das offene Meer hinaus. Verzweifelt kämpfe ich dagegen an und erreiche völlig ausgepumpt das gegenüberliegende Ufer und das auch noch ganz woanders. Für Blauortsand habe ich jetzt keine Kraft mehr. Es gilt nur, in Bewegung zu bleiben, denn kalt war das Wasser obendrein. So laufe ich einige Zeit ziellos auf dem Wattsockel herum. Irgendwann ist das Wasser weit genug gefallen, um die Priele durchwaten zu können und ich gehe zurück. Eine unterbewusst sich selbst erfüllende Prophezeiung, Zufall oder Präkognition?

- Schnitt -

Ende der Achtziger. Ein schlimmer Traum, mein Gipsbein stört beim Schlafen erheblich. Ich erwache: Meine Beine sind doch völlig in Ordnung! Im Januar 1990 rutsche ich beim Schneeräumen aus. Fünffacher Bruch des rechten Fußes, Gips! Auch hier: Eine unterbewusst sich selbst erfüllende Prophezeiung, Zufall oder Präkognition?

- Schnitt -

Immer wieder mal zwischendurch: Ich komme von der Arbeit und stehe vor der Haustür. Ich weiß: Oben in der Wohnung liegt jetzt Post für mich. Entweder eine bestellte, aber um diese Zeit nicht erwartete Sendung oder aber was Unangenehmes. Natürlich sind die anderen Familienmitglieder schon da und haben das angenommen. Zufall oder Telepathie?

- Schnitt -

Anfang 2001, ein Wahrtraum. Ein gewaltiger Sturm hat ein Dorf mehr oder weniger zerstört. Dann schwirrt mir da noch der Begriff „Osnabrück" im Gedächtnis herum. Ich schreibe das auf, lege den Zettel in den Nachtschrank. Am nächsten Tag ist alles wieder vergessen. Im August 2001 zerstört ein F3-Tornado das Dorf Belm. Belm liegt bei Osnabrück. Durch die Nachrichten erfahre ich davon. Ich grabe meinen Nachtschrank um, finde den Zettel wieder. Da steht „Sturm, Zerstörung, Osnabrück". Zufall oder Präkognition?

- Schnitt -

November '03. Ich träume von einem Schneesturm, der den Verkehr zum Erliegen bringt. Im Januar '04 gibt's im Landkreis Schaumburg einen Schneesturm. Der Verkehr kommt weitgehend zum Erliegen; die Schulen bleiben geschlossen. Die Kinder sollten an diesem Tag Zeugnisse bekommen – macht nichts, dann gibt's die eben später. Zufall oder Präkognition?

- Schnitt -

Januar '04 – der Traum von Flutwellen und von Schlammlawinen. Vier Wochen später sehe ich auf N24 Doku einen Bericht über die Verwüstungen, die der Hurricane „Fred" früher mal in Honduras angerichtet hat. Die Bilder gleichen sich. Zufall oder Präkognition?

- Schnitt -

Ich sehe das Telefon klingeln und rufe meiner Tochter quer durch den Raum zu: „Anke, Telefon für Dich – Ricarda!" Das passiert laufend. Irgendwann fragt Anke: „Papa, woher weißt Du das?" Ich antworte: „Keine Ahnung – ich weiß es eben." Na ja, der Name stimmt ja auch nicht immer. Aber immer öfter. Zufall oder Telepathie?

- Schnitt -

28.2.04, abends bei „Wetten, das...?": Ich habe von der im Nebenraum laufenden Sendung nichts mitbekommen, weil ich eine uralte Bourbon-Skiffle-Company-LP digital remasterte. Erst gegen Sendungsende, zur Wahl des Wettkönigs, begebe ich mich zum Fernseher. Die Wetten werden in der Übersicht gezeigt: Horoskope, Kerzen „ausweinen", CD-Charts und die springende Kuh. Die Zuschauer wählen und die Balkengrafik wird angezeigt – noch ohne Beschriftung. Ich sage: „Platz 4 sind die Horoskope. Platz eins ist die Kuh. Platz drei die CDs und Platz zwei sind die Kerzen." Dann wird die Beschriftung angezeigt – Volltreffer, 100 % richtig. Meine Tochter staunt mich mit offenem Mund an – „Woher...?" Ja, woher – Einfühlungsvermögen, Präkognition oder Telepathie?

- Schnitt -

21.4.04: Von der Arbeit nach Hause gekommen finde ich Post vor. Ein Brief von der Gewerkschaft – unerwartet, braun-undurchsichtig. Mit denen hatte ich schon ewig nichts mehr zu tun. Ich öffne den Brief nicht, denn ich weiß unverständlicherweise schon, was drin ist – eine Urkunde. Stunden später fällt mir der Brief wieder ein und ich mache ihn auf. Was finde ich? Eine Ehrenurkunde für 25-jährige Gewerkschaftszugehörigkeit. Da der Brief bislang ungeöffnet gewesen ist und wohl auch keiner genau sagen konnte, wann der mich erreicht, dürfte Telepathie diesmal wohl ausscheiden. Aber was ist es dann – Präkognition?

- Schnitt -

30. April '04: Ein überaus realistischer Traum von einem Flugzeugabsturz. Tod und Trümmer. Am 2. Mai 2004 wurde eine auf einem Sportflugplatz nahe Oldenburg gestohlene Cessna gegen eine Kalihalde bei Ronnenberg (Region Hannover) gelenkt. Der Pilot kam bei dem Absturz ums Leben. Die Maschine wurde zerstört. Vorahnung?

- Schnitt -

Das waren jetzt nur einige wenige Beispiele, die mir ohne zu Überlegen sofort eingefallen sind. ESP-Phänomene (ESP = Extra Sensory Perception = ASW = Aussersinnliche Wahrnehmung) scheinen bei einigen Synästhetikern an der Tagesordnung zu sein. Vielleicht nicht bei jedem, aber bei relativ vielen – die Quote liegt auf Basis meiner eigenen (allerdings nicht repräsentativen) Erhebungen bei mindestens fünf Prozent. Fünf Prozent hört sich zunächst nach wenig an. Aber auf die Gesamtbevölkerung bezogene ASW-Berichte erreichen nicht mal den Bruchteil eines Promilles. Zwischen den Beträgen, also den ASW-Erfahrungen von Nichtsynnies und Synnies, liegen demnach Zehnerpotenzen! Das nur zur Relativierung der Zahlen.

Man kann nichts gegen diese Form der Wahrnehmung, gegen dieses „zweite Gesicht" (wie der Volksmund es nennt) machen. Ich finde das belastend – wenn man weiß, da kommt/ist was, aber unfähig ist, rechtzeitig geeignete Maßnahmen zu ergreifen. Da macht sich ein lähmendes Gefühl eigener Ohnmacht breit. Es beginnt i. d. R. mit dem so genannten „Hellfühlen" – plötzliches Unwohlsein, Übelkeit oder ein beklemmendes Gefühl im Bauch; manchmal (selten) wird auch ein seltsam-erstickender Geruch wahrgenommen („Hellriechen"). Vor dem Eintreten der eigentlichen, vorausgeahnten (-gesehenen?) Situation bin ich sehr unruhig. Ist die Situation dann aber erstmal da, dann kehrt sich dieses Gefühl um und ich bin die Ruhe selbst. Ich würde die „Spökenkiekerei" am liebsten abstellen, kann es aber nicht. Und ohne exakte Daten über das „Wann", „Wie" und „Wo" ist ESP sowieso nutzlos. Folglich verlege ich mich auf Verdrängung – wohl wissend, dass das auch nicht der Weisheit letzter Schluss sein kann. Dieses Verdrängen ist übrigens ein typisches Merkmal westlichmoderner Kulturen. Das Wissen um kommende Ereignisse ist absolut nichts Besonderes und wird woanders als völlig normal hingenommen. Es gehört bei nativen Völkern (z. B. den australischen Aboriginees) zum Weltbild, und wenn es beachtet wird, dann nur wegen des Inhalts.

Unter www.sphinx-suche.de wird die Gabe des „Zweiten Gesichts" wie folgt beschrieben: „In bestimmten Landschaften um die Nordsee (Schottland, Färöer, Teile Irlands, Dänemark, Norwegen bis Lappland, Bretagne, Hebriden, Westfalen mit Schwerpunkten im Sauer- und Münsterland, Friesland usw.) früher stark verbreitete Form der ASW. Die Träger des Zweiten Gesichts hießen in Norddeutschland Spökenkieker (Geisterseher), und manche Familien waren als Spökenkiekerfamilien bekannt... Das Charakteristische des Zweiten Gesichts ist, dass die aussersinnliche Information in bestimmten Patterns erfahren wird (Vörbrand, Leichenzug und ähnliches, mit lokalen Varianten)... Der Erlebende ist scheinbar im Besitz des normalen Wachbewusstseins, wenn er spontan die meist optische...Halluzination erfährt, die sinnbildlich auf ein räumlich oder zeitlich entferntes Ereignis verweist. Neben die Symbolik können auch realistische Details treten. Der Spökenkieker hat ein Gefühl für das Bedeutungsvolle des Gesichts, dessen vollständiger Sinn sich ihm aber oft erst nach Eintreffen oder Bekannt werden des Ereignisses enthüllt..." Über die Ernsthaftigkeit dieser Quelle lässt sich zwar durchaus streiten; die Beschreibung hingegen trifft es recht gut.

Für mich ist ESP Realität. Das steht in eklatantem Widerspruch zur heutigen Lehrmeinung – ein Zwiespalt, der bewirkt, dass man selbst vorsichtshalber (wieder einmal) den Mund hält, um nur nicht aufzufallen. Aber Wissenschaft ist eben immer auch der „gerade gültige Irrtum". Da fragt man sich unwillkürlich, ob nicht ESP in irgendeiner Form mit der vorherrschenden Lehrmeinung vereinbar ist. Möglichkeiten dazu gibt es jedenfalls. Da ist erstmal der Synästhetiker selbst. Diejenigen, die ich kennen gelernt habe, sind durchweg erheblich sensitiver als die Nicht-Synnies. Aufgrund dieser ganz zweifellos erhöhten Sensitivität (welche instinktiv mit einem größeren Maß an Toleranz einhergeht) erscheint es durchaus denkbar, dass Synnies unterbewusst bereits wie auch immer geartete Informationen aufnehmen und auswerten. Die Auswertung selbst könnte (rein hypothetisch versteht sich) in Wahrträumen ihren Niederschlag finden. Gemixt mit einer gehörigen Portion Zufall ließe sich damit schon einiges erklären. Lässt sich nicht für jeden Effekt bei genauem Hinsehen auch eine durchaus zufrieden stellende, rationale Erklärung finden? Ein Beispiel: Jemand träumt von einer Naturkatastrophe (Erdbeben, Lawine, Tsunami...), ohne genaue Angaben über Ort und Zeit machen zu können. Liegt nicht die Wahrscheinlichkeit, dass so etwas irgendwann irgendwo einmal passieren wird, praktisch bei 100 Prozent? Könnte es nicht sein, dass ich – bezogen auf das zuerst genannte Fallbeispiel – unbewusst bemerkt habe, dass der Ast des Kastanienbaumes schon tot war? OK, dagegen spricht das Ernten der Kastanien. So was wächst nicht auf einem toten Ast... Viele Synnies sehen eine Aura um Menschen; auch mir erscheint das ganz selten mal so. Aber ist es nicht sehr wahrscheinlich, dass da nur eine durch Körperwärme verursachte, laminare (Luft-) Strömung aufgrund ihrer veränderten Brechungseigenschaften wahrgenommen wird?

ESP scheint die Kausalität außer Kraft zu setzen – etwas, was mich doch sehr skeptisch macht. Ich habe (Selbst-) Versuche mit den „Card Calling Tests" unternommen. Um dabei korrekt vorgehen zu können, bezog ich die Testmaterialien aus Durham, von Louisa E. Rhines „Institute For Parapsychology" (am Rhine Research Center – im Internet unter www.rhine.org). Im „Standard ESP Record Sheet" ergab sich bei mir selbst kein signifikant positives Resultat. Aber auch kein Mittelwert. Vielmehr waren die Ergebnisse über diverse Testreihen hinweg zumeist signifikant negativ – sie wiesen folglich ein so genanntes „psi-missing" aus, was im Gegensatz zu den Wahrträumen steht. Jedenfalls bei kausaler Betrachtungsweise. Bestätigen derartige Ergebnisse daher nicht explizit die Akausalität von ESP? Akausalität und Reproduzierbarkeit schließen einander jedoch aus. Bei fehlender Reproduzierbarkeit kommt man mit Messungen nicht mehr weiter. Heisenbergsche Unschärferelation im Großen?

Synästhesie scheint mit ESP und ESP mit Akausalität verwandt zu sein – aber was ist Akausalität? Antwort: Die Negation von Kausalität. Um die Negation zu verstehen, scheint es zweckmäßig zu sein, sich zunächst einmal mit der Kausalität zu beschäftigen. Kausalität – das ist Ursache und Wirkung, actio et reactio. Das starke Kausalitätsprinzip besagt, dass gleiche Ursachen gleiche Wirkungen haben. Wenn ich eine Porzellanvase anstoße, so dass die auf einen gefliesten Fußboden fällt, dann zerspringt sie in tausend Teile. Der Versuch ist reproduzierbar. Ich kann ihn einmal oder tausendmal machen; das Resultat wird immer das Gleiche sein. Die Folgen hingegen nicht: Bei Einmal reicht mir der Mülleimer; bei tausendmal muss ich einen Container kommen lassen und meinen Kontostand kontrollieren. Wir neigen dazu, das starke Kausalitätsprinzip als allgemeingültig zu betrachten. Doch ist das richtig? Mitnichten! Es gibt nämlich auch noch das schwache Kausalitätsprinzip, welches besagt, dass ähnliche Ursachen ähnliche Wirkungen haben.

Das Wachstum von Legionella in Warmwasserbehältern oder das Wachstum von Desulfurikans in den Dekantern von Abwasserbehandlungsanlagen sind typische Beispiele für dieses schwache Kausalitätsprinzip. Die Reproduzierbarkeit ist hier schon nicht mehr gegeben. Vielmehr bedeutet jeder Eingriff in das System – sogar allein schon die Beobachtung, da dabei Licht, also eine energetische Komponente, mit im Spiel ist! – eine Beeinflussung, welche zu einem gänzlich anderen Resultat führen kann. Diese Beeinflussung folgt dem so genannten „objektiven Zufall". Als ich derartige, indeterministische Prozesse noch untersuchte, wandte ich die Verfahren der Chaosmathematik an. Dabei traten immer Szenarien differierender Wahrscheinlichkeiten auf – doch welches Szenario sich letztendlich entwickelte, das war nicht vorhersagbar, denn die exakte Kenntnis der zugrunde liegenden Anfangsbedingungen fehlte mangels Messmöglichkeit. Die hinreichend genaue Messung der Anfangsbedingungen aber ist a priori ausgeschlossen.

Das jedoch nur am Rande. Es bleibt erstens festzuhalten, dass das schwache Kausalitätsprinzip (die reactio) zwar zu nicht reproduzierbaren und indeterministischen, nichtsdestotrotz aber auch zu die Realität beeinflussenden Resultaten führt. Wie schnell kann nun ein solches Resultat auftreten? Nach Albert Einstein bildet die Lichtgeschwindigkeit die Obergrenze. Um sich damit näher zu befassen, empfehlen sich Einsteins leicht verständliche Essays „Grundzüge der Relativitätstheorie" sowie „Über die spezielle und die allgemeine Relativitätstheorie" – keinesfalls jedoch Bertrand Russells viel gelobtes Buch „Das ABC der Relativitätstheorie", welches nicht nur schwer verständlich ist, sondern darüber hinaus auch noch in unzulässiger Weise vereinfacht. Aber auch das nur am Rande. Es bleibt zweitens festzuhalten, dass die größtmögliche Geschwindigkeit zwischen actio und reactio die Lichtgeschwindigkeit ist.

Um die Kausalität zur Akausalität umzukehren, müsste die Grenze – die Lichtgeschwindigkeit – überschritten werden, was nicht möglich ist. Wirklich nicht? Quantenmechanisch betrachtet geht das durchaus. Die viel beachteten und zwischenzeitlich auch vielfach verifizierten „Photonischen Analogieexperimente zum Tunnelprozess" von Prof. Dr. Günther Nimtz zeigten, dass sich frequenzmodulierte Signale mit überlichtschneller Geschwindigkeit übertragen lassen. Die maximal lichtschnelle – also kausale – Informationsübertragung ist das Gebiet der Tardyonen. Ein überlichtschneller Datentransfer hingegen setzt hypothetische Teilchen, nämlich Tachyonen, voraus. Tachyonen widersprechen dem Kausalitätsprinzip! Kann man nicht Nimtz′ Experimente dann auch als Beleg für die Existenz von Tachyonen auffassen? Das aber bedingt zwangsläufig eine mehrdimensionale Erweiterung unseres Raum-Zeit-Kontinuums und auch dazu gibt es Theorien bzw. Hypothesen. Da ist zum einen die so genannte „Viele-Welten-Hypothese" (auch als „Everett-Welten-Hypothese" bezeichnet) zu nennen. Sie geht davon aus, dass unendlich viele Parallelwelten existieren, zwischen denen man sich je nach Entscheidung bewegt, so dass ein konstanter Zeitfluss von der Vergangenheit über die Gegenwart bis in die Zukunft erreicht wird. Das Faszinierende an der Everett-Welten-Annahme ist, dass dort Zeitparadoxa im Falle einer hypothetischen Zeitreisemöglichkeit ausgeschlossen sind. Dann gibt es da noch die auf Stephen Hawking zurückgehende Stringtheorie. Ich persönlich habe zwar – ganz im Gegensatz zur Relativitätstheorie – mit der Stringtheorie noch hier und da meine Verständnisprobleme, bin aber dennoch ziemlich sicher, dass auch Hawking es auf den Punkt gebracht hat. Zum besseren Verständnis werde ich dies ausführlicher erläutern.

In der Quantenmechanik gibt es die Möglichkeit, dass ein System an einen Punkt kommt, wo mehrere Zustände gleichberechtigt möglich sind (Beispiel aus dem Makrokosmos: die 49 Kugeln im Lotto-Ziehungsgerät). Die Zustände bilden eine nicht exakt lokalisierbare Raum-

Zeit-Wahrscheinlichkeitswelle. Gemäß der Stringtheorie stellt unser vierdimensionales Raum-Zeit-Kontinuum nur einen (kleinen) Ausschnitt eines mehrdimensionalen Ganzen dar. Kommen darin Objekte wie z. B. Elektronen in eine Situation, in welcher es mehrere physikalisch gleichberechtigte Möglichkeiten gibt, so bildet sich ein Quantenzustand, in welchem das Objekt Teil einer räumlich und zeitlich nicht mehr exakt lokalisierbaren Wahrscheinlichkeitswelle wird. Messtechnisch lässt sich das indirekt anhand der Heisenbergschen Unschärferelation sogar belegen: Irgendwo endet die Messtechnik nämlich! Innerhalb der Wahrscheinlichkeitswelle aber gilt Einsteins Relativitätstheorie nicht mehr – was besagt, dass dort auch die Gesetzmäßigkeiten der Kausalität aufhören zu existieren. Dass dies nicht nur hochtheoretisches Geschwafel ist, belegen (erfolgreiche) Versuche an der LMU München, wo man sich zum Ziel gesetzt hat, die Grundlagen für Quantencomputer zu erschaffen. Dort gelang es nämlich im Jahre 2002, ein Einstein-Bose-Kondensat (was nichts anderes als eine „sichtbare" Wahrscheinlichkeitswelle ist) in einem Atomgitter zu speichern und auch wieder auszulesen.

Die Wahrscheinlichkeitswelle kann durch einen äußeren Einfluss zum Zusammenbruch gebracht werden – so durch Beobachtung oder durch Messung (Beispiel im Makrokosmos: durch Ziehung der Kugeln). Hier gilt die Heisenbergsche Unschärferelation: Entweder kann der Aufenthaltsort oder die Geschwindigkeit eines Teilchens exakt bestimmt werden – aber niemals beides zusammen! Dabei ist es objektiv zufällig, welchen der gleichberechtigten Zustände das Objekt gerade annimmt.

Als Folge davon befindet sich das Objekt in einer Situation, in der es mehrere gleichberechtigte Möglichkeiten gibt (die Lottokugel kann gezogen werden oder auch nicht). Als Quantenzustand betrachtet sind die gleichberechtigten Möglichkeiten eine Raum-Zeit-Wahrscheinlichkeitswelle im – lt. Stringtheorie – mehrdimensionalen Raum. Unsere vierdimensionale, so genannte „Realität" ist davon nur ein Teil, eine eingeschränkte Projektion des Ganzen. Erfährt die Welle in irgendeiner Dimension des mehrdimensionalen Raumes eine Störung (bspw. durch die Ziehung einer Kugel), dann bricht sie zusammen und wird zur (für uns vierdimensionalen) „Realität". Die Viele-Welten- (Everett-Welten-) Interpretation unterscheidet sich von der Stringtheorie hauptsächlich dahingehend, dass die Funktion der Wahrscheinlichkeitswelle nicht nur einfach eine Beschreibung des Zustands eines Objektes, sondern vielmehr das Objekt selbst ist. Diese Annahme teilt sie mit anderen Interpretationen. Wie dem auch sei – hinsichtlich der Anwendung quantenmechanischer Betrachtungsweisen auf ESP weisen sowohl die Stringtheorie wie auch die Everett-Welten-Hypothese in die gleiche Richtung.

Das bedeutet aber auch, dass wir, dass jedes Gehirn für sich, seine eigene Realität erschafft – oder, um es mit Descartes zu sagen: cogito ergo sum. Was uns mehrheitlich als „real" erscheint, ist demnach nichts weiter als eine (stillschweigende) Übereinkunft. Die Realität eines Synästhetikers ist qualitativ etwas anders. „Sieht" der Synästhetiker also möglicherweise Wahrscheinlichkeitswellen oder Teile davon oder Everettsche Parallelwelten? So etwas würde den „6. Sinn" erklären. Vielleicht sind einige Synnies dadurch befähigt, mehrere Möglichkeiten des objektiven Zufalls simultan wahrzunehmen, vielleicht ist sogar eben dies die Synästhesie selbst – und genau das ist dann auch die ESP, sind die medialen Fähigkeiten! Der eine wertet (unbewusst) seine Wahrnehmung so aus, der andere nicht. Die Auswertungen wären jedoch – da nicht reproduzierbar – noch am ehesten mit einer Umkehrung des schwachen Kausalitätsprinzips erklärbar und müssten sich demzufolge auch jedweder Art von messtechnischer Erfassung entziehen. Genau das aber passiert! Quod erat demonstrandum. Das zur Präkognition.

Aber was ist mit der Telepathie? Telepathische Erlebnisse sind bei Synästhetikern häufig. Ich schätze den Anteil der Personen, die so etwas in meiner Gegenwart erwähnten, auf ca. zehn Prozent, was vielleicht daran liegen mag, dass die alle „auf der gleichen Wellenlänge liegen" – wobei ich selbst keine Ausnahme mache. Nehmen wir die Existenz von Telepathie also mal als möglicherweise gegeben hin. Wie funktioniert das dann? Das ist schwer zu beschreiben. Es ist nämlich wesentlich einfacher darzustellen, wie es nicht ist. Es ist kein Zuhören, als wenn man einem Gespräch zuhört. Es ist auch nicht wie ein Lesen, wie wenn man in einem Buch oder in einer Zeitung liest. Es ist ganz anders. Am Ehesten lässt es sich vielleicht noch mit dem analogen Kurzwellen-DXing (Kurzwellenfernempfang) vergleichen. Auf dem Kurzwellenband tummeln sich tausende von Sendern. Aber davon bemerkt man erstmal nichts, denn wenn das eingeschaltet wird, dann hört man nur Störungen. Um einen Sender zu empfangen, muss seine Frequenz zu einem geeigneten (Sende-) Zeitpunkt genau abgestimmt und die Antenne exakt auf die Wellenlänge justiert werden. Und selbst dann gibt es noch zig Unwägbarkeiten, angefangen von der Modulationsstärke des Senders über dessen Entfernung und Sendeleistung bis hin zu den durch Sonnenflecken beeinflussten Ausbreitungsbedingungen der Funkwellen. Übertragen auf die Telepathie bedeutet das, dass „Sender" und „Empfänger" zueinander „passen" müssen – was nicht oft vorkommt. Entfernung scheint allerdings keine Rolle zu spielen. Passen Sender und Empfänger zusammen, dann immer nur für einen kurzen Moment. Der richtige Zeitpunkt ist daher ebenfalls entscheidend. In diesem Moment scheint man irgendwie „im Geist des Anderen" zu sein. Man weiß, was der sieht, fühlt, denkt und warum er so denkt. Das ist nonverbal, ohne jegliche Sprachbarrieren. Dabei ist man selbst jedoch keinesfalls der andere. Es funktioniert auch (sehr gut sogar und häufiger als beim Menschen!) bei Tieren. Es ist vergleichbar der passiven Beobachtung einer Situation von oben herab, als ob man von einem Turm nach unten auf jemanden heruntersieht. Das hört sich verrückt an, nicht wahr? Es ist aber so – und daher auch nicht permanent oder effektiv nutzbar. Telepathie lässt sich daher bestenfalls dazu verwenden, seine Mitmenschen zu verblüffen – wenn man nämlich ahnt, was die gleich sagen werden und ihnen schon antwortet, bevor sie sich geäußert haben. Derartige Verhaltensweisen vermeidet man jedoch im Allgemeinen, um sich nicht noch mehr als ohnehin schon geschehen zu outen. Mehr gibt's dazu eigentlich nicht zu sagen.

ASW-Effekte wie Präkognition oder Telepathie hängen also nicht von der Fähigkeit einer einzelnen Person ab, sondern vom Zustand eines Gesamtsystems. Jeder

Versuch, diese nichtlokalen Korrelationen zur Signalübertragung zu verwenden (wozu auch der unmittelbare Nachweis von psi-Effekten zu rechnen ist), beeinflusst das System und verändert es daher in unvorhersagbarer Weise. Psi ist damit a priori nicht beweisbar. Dass etwas nicht bewiesen worden ist, bedeutet aber nicht automatisch, dass es das auch nicht gibt. Beispiel „Schwarze Löcher": Indizien weisen auf ihre Existenz hin. Beweise jedoch fehlen (bisher). Gibt es sie deswegen nicht? Zählt das „intuitive Wissen" eines Synästhetikers ebenfalls zum ESP-Bereich? Man sollte sich allerdings davor hüten, das alles, was man sich (noch) nicht unmittelbar erklären kann, grundsätzlich auf „Übersinnliches" zu schieben. Gesunder Menschenverstand und Kritik sind und bleiben angebracht. Synästhetiker sind es gewohnt, dass man ihre Verhaltensweisen kritisiert. Die Art von Kritik wird notgedrungen auch akzeptiert. Betrachtet man jedoch die ASW-Erlebnisse eines Synästhetikers ablehnend-kritisch, dann kommt dies einem Angriff gleich und der Synnie wird darauf äußerst heftig reagieren. Er kann auch gar nicht anders – denn wie soll jemand, dem ESP-Erfahrungen fremd sind, so etwas korrekt beurteilen können? Hier trifft dann Meinung mit Meinung aufeinander! Dennoch: Es lohnt sich immer, ESP-Erfahrungen nur mit einem gehörigen Schuss an Rationalität zu betrachten.

- Zitat –

Der Metaphysik, einer ganz isolierten spekulativen Vernunfterkenntnis, die sich gänzlich über Erfahrungsbelehrung erhebt, und zwar durch bloße Begriffe (nicht

wie Mathematik durch Anwendung derselben auf An-
schauung), wo also Vernunft selbst ihr eigener Schüler
sein soll, ist das Schicksal bisher noch so günstig nicht
gewesen, dass sie den sicheren Gang einer Wissenschaft
einzuschlagen vermocht hätte; obgleich sie älter ist, als
alle übrige...

(Immanuel Kant 1788 in „Die Kritik der reinen Vernunft" über die Philosophie, B XI ff. – aber ich meine,
das passt hier auch sehr gut!)

Synästhetisches Mitteilungsbedürfnis

Wie gezeigt wurde, weisen Synästhetiker einige ganz wesenseigene und überwiegend in sozialer Hinsicht auch als positiv zu wertende Verhaltensweisen und Eigenarten auf, welche in ihrem zusätzlichen Kanal der Wahrnehmung begründet sind. Auf der anderen Seite allerdings sind sie selten – derart selten, dass die großen räumlichen Distanzen zwischen ihnen die Synnie-eigene Kommunikation nicht nur be-, sondern weitestgehend auch verhindern. Dies ist sehr problematisch. Damit der Nichtsynästhetiker einen Eindruck von der Problematik bekommt, stelle er sich nur einmal vor, urplötzlich z. B. in ein fremdes Land zu kommen, der dortigen Landessprache nicht mächtig zu sein und auch niemanden zu finden, der seine Sprache spricht. Sicher, der Betreffende wird sich irgendwie durchschlagen – und sich bei den Einheimischen vielleicht sehr unbeliebt machen, weil er unwissentlich gegen deren Eigenarten und ungeschriebene Regeln verstößt. Wird ihm das Spaß machen? Irgendwann trifft er auf einen Landsmann, beginnt zu Reden und kann vor lauter Mitteilungsbedürfnis gar nicht mehr aufhören, weil nur dieser eine andere ihn versteht und weil sich soviel aufgestaut hat...

Synästhetikern geht es genauso. So still sie im Allgemeinen sind, entwickeln sie mit der Zeit doch ein starkes Mitteilungsbedürfnis, idealerweise unter Gleichgesinnten. In Deutschland ist dafür die Medizinische Hochschule Hannover (MHH) ihr Anlaufpunkt, da man dort – indirekt initiiert durch die Arbeiten von Richard E. Cytowic – im

Jahre 1996 und im Rahmen von Forschungsarbeiten mit einer Synästhesie-Arbeitsgruppe unter der Leitung von Psychologen, Philosophen und Neurologen begonnen hat. Das Ziel der Forschungsarbeiten besteht darin, herauszufinden wie Wahrnehmung organisch funktioniert. Dazu werden die Untersuchungsresultate von Synästhetikern und von Nichtsynästhetikern miteinander verglichen – wobei der Forschungsgruppe die „innere Stabilität" der Synnies, welche „mit beiden Beinen auf der Erde stehen" sehr entgegen kommt.

Aus dieser Arbeitsgruppe heraus entwickelte sich das Synästhesiecafé, ein zwangloses Treffen von Synästhetikern aus dem deutschsprachigen Raum, welches ein- bis zweimal jährlich stattfindet. Das Synästhesiecafé wird seitens der MHH koordiniert. Auf eine private Initiative zurück geht hingegen das von der MHH unterstützte Synästhesieforum (im Internet unter www.synaesthesi eforum.de), welches gleichfalls an der Organisation des Synästhesiecafés beteiligt ist. Das Forum wurde von Synästhetikern ins Leben gerufen und wird ehrenamtlich betrieben. Es ist ein privates Projekt für alle, die sich für das Thema interessieren. Nach einer Registrierung steht es jedem offen: Nichtsynästhetikern, welche sich fundiert informieren oder in den Dialog mit Synästhetikern eintreten wollen sowie den Synästhetikern zur distanzübergreifenden Kommunikation untereinander. Die Diskussionsthemen sind sehr breit gefächert. Sie reichen von Beiträgen allgemeiner Natur wie z. B. „Berufswahl" bis hin zu Synnie-spezifischen Anfragen wie u. a. „Gerüche hören?". Die Gründung einer „Deutschen Gesellschaft für Synästhesie" (welche z. B. Aufklärungsarbeit leisten oder wissenschaftliche Veranstaltungen sowie Workshops abhalten könnte) steht noch aus. Dies unterscheidet Deutschland nicht nur vom Ausland, wo u. a. in England (unter www.uksynaesthesia.com) oder in den USA (unter www.multimediaplace.com/asa/) bereits entsprechende Vereinigungen existieren. Es demonstriert auch eindringlich, dass hierzulande praktisch (noch) kein breites Bewusstsein für Synästhesie existiert.

Die im Synästhesieforum zusammengefassten Menschen sind mit einer Anzahl von zwischen dreihundert und fünfhundert Personen nur ein winziger Ausschnitt aus der deutschen Population an Synästhetikern. Ausgehend von ca. 90 Millionen Einwohnern und einem Synnie-Anteil von einem Promille wäre allein in Deutschland mit ungefähr 90.000 Synnies zu rechnen. Doch wo sind die? Neben dem Heraustreten aus der Deckung (d. h. der Teilnahme am Synästhesiecafé) und der Arbeit im Internet (Forum, aber auch in Form privater Homepages), gibt es auch noch andere Möglichkeiten der synästhetischen Mitteilung. Dazu zählen bspw. Interviews in den Medien oder aber Ausstellungen. Ausstellungen sind allerdings recht rar. Dies liegt darin begründet, dass sie sich zwangsläufig auf graphemische Synästhesie oder aber auf das Coloured Hearing beschränken müssen, denn Gerüche oder Gefühle lassen sich nicht ausstellen – womit nur ein Teilbereich der ohnehin schon wenigen Synästhetiker infrage kommt. Diese Wenigen müssen dann auch noch künstlerisch begabt sein und obendrein die erforderlichen Techniken beherrschen – was den Personenkreis nochmals einschränkt. Ausstellungen beinhalten i. d. R. Visualisierungen synästhetischer Wahrnehmung. Sie dienen dazu, den Nichtsynästhetikern ansatzweise das nahe zu bringen, was der Synästhetiker ständig erlebt.

Die Grafiken selbst „treffen" es dabei eigentlich nie richtig, sondern liefern stattdessen immer nur eine (z. T. recht grobe) Annäherung. Man kann so etwas nicht „mal eben so nebenbei" fertig stellen – da steckt nämlich schon ein ziemlich mühsamer und arbeitsreicher Prozess dahinter. Es beginnt mit dem Erkennen der einzelnen Formen und Farben, was viel Ruhe und Konzentration bei gleichzeitiger Entspannung erfordert, zumal sich das alles im zeitlich-räumlichen Rahmen bewegt und verändert. Diese Fähigkeit der „entspannten Konzentration" muss man erst einmal erlernen und auch beherrschen. Autogenes Training hilft dabei enorm. Dann sucht man sich einen (kurzen) Ausschnitt aus, der auch grafisch wiedergegeben werden kann. Erfahrungen in der profimäßigen Anwendung diverser Grafikprogramme werden stillschweigend vorausgesetzt, denn mit nur einer Grafiksoftware erreicht man hier unmöglich das gewünschte Ergebnis. Danach kommt's zum eigentlichen Umsetzungsprozess, also zur Anfertigung der Grafik, wozu besagter Ausschnitt wieder und wieder synästhetisch wahrgenommen werden muss. Im Rahmen dieser perzeptiven Phase „speichert" man das Bild sozusagen vor einem inneren Auge. Es folgt der künstlerisch-handwerkliche Teil. Welches sind die richtigen Farben, ist der richtige Kontrast, die richtige Helligkeit, die korrekte Strukturierung der Oberfläche? Ist das Objekt durchscheinend (wenn ja, wie stark), groß oder klein, schimmert es nass oder metallisch? Was überlappt wo? Und nicht zuletzt: Wie bekommt man den 3D-Effekt optimal hin? Welche ideale Vorgehensweise resultiert daraus? Die Grafik wird dann aus manuell angefertigten Einzelelementen zusammenmontiert, wobei 70-80 Bildebenen und eine Arbeitsdauer von ca. 8-16 Stunden durchaus normal sind. Aufgrund von Überlappungen muss man zumeist von „hinten" nach „vorne" vorgehen, was die Angelegenheit deutlich erschwert. Synästhetische Visualisierungen sind daher keinesfalls irgendwelche Bilder „auf die Schnelle" zur reinen Textdekoration... Und sie sind – neben verbalen Erläuterungen – praktisch die einzigste Möglichkeit für den Synästhetiker, sich einem Nichtsynnie mitzuteilen.

Synästhetische Visualisierung

Wie fertigt man synästhetische Bilder an? Dies soll hier einmal am Beispiel des „coloured hearing" beschrieben werden. Am Anfang steht immer das Geräusch. Das Geräusch ist ganz unwillkürlich, automatisch und nicht unterdrückbar ein Bild vor dem inneren Auge. Wer jemals versucht hat, ein Bild zu malen, der weiß, wie schwierig so was ist – und wie problematisch es ist, das, was man selbst sieht, anderen zu vermitteln. Bei den synästhetischen Bildern ist es nicht anders. Einen Königsweg (um so was mehr oder weniger automatisch per Computer zu erzeugen) scheint es nicht zu geben – jedenfalls habe ich trotz jahrelanger und z. T. sehr intensiver Suche keinen finden können. Der Versuch, das mit CorelDraw zu machen, endete mit einem Fiasko – zwar schön bunt, aber auch völlig realitätsfern. Was bleibt, ist die Handarbeit, die jedes Bild zu einem in stunden- oder gar in tagelanger Anstrengung hergestellten Unikat macht. Und genau darum geht es hier.

Synästhetische Visualisierung kann durch Malerei, Bildhauerei oder durch den Einsatz von Computern erfolgen. Da meine eigenen Fähigkeiten in Bezug auf die Malerei und auf die Bildhauerei doch sehr bescheiden sind, werde ich mich hier auf die Vorgehensweise der synästhetischen Visualisierung unter EDV-Einsatz beschränken.

Da ist erstmal der Sound. Bei isolierten Geräuschen, wie sie in elektronischer Musik oder bei Tierstimmen vorkommen, geht es noch am einfachsten. Die lassen sich aufnehmen und immer wieder abhören. Isolierte

Geräusche sind visuell wenig komplex. Das vereinfacht schon mal die Bildherstellung. Für das zugehörige Bild wird Ausgangsmaterial benötigt. Es mag den einen oder anderen Design-Künstler geben, der so was „frei Hand" am Bildschirm zusammenstellen kann, aber im Allgemeinen klappt das nicht. Also zum Ausgangsmaterial – dazu dient „Art-Attack-mäßig" alles Mögliche: Scans von Fotos (Mineralien, verwackelte Bilder, Belichtungsfehler, Bilder der Farbschlieren auf Seifenblasenoberflächen, Reflexionen von Licht auf Oberflächen wie Eis oder Wasser usw.), Zeichnungen, Screenshots oder Mikrographien. Gutes (Screenshot-) Material liefert das Visualisierungs-PlugIn „What a goom!" des Linux-XMMS-Players oder das OpenSource-WinAmp-PlugIn „Synesthesia v1.1" (Download unter „http://users.ox.ac.uk/~linc1040/ synesth"). Gleichfalls einscannen lassen sich reale Alltagsgegenstände – eine Kette, ein Ring, eine Münze, ein Nagel usw. Auch recht brauchbar sind Textur-hinterlegte 3D-Buchstaben, welche man mit „Ulead Cool 3D" anfertigt. Normalerweise beinhaltet das Ausgangsmaterial immer nur ein einzelnes, gerade gebrauchtes Element (z. B. einen I-Punkt o. ä.) – wie den einzelnen Legostein, den es aus der Spielkiste der Kinder ´rauszufischen gilt.

Die Visualisierung beginnt mit dem Geräusch. Dieses muss isoliert werden. So etwas funktioniert per EDV recht gut. Dazu wird der Line-Ausgang des Abspielgeräts mit dem Line-Eingang der Soundcard verbunden. Es folgt die Aufnahme, vorzugsweise im PCM-Wave-Format, damit ein Qualitätsmaximum vorliegt – denn durch die nachfolgenden Bearbeitungsschritte ist es durchaus möglich, dass die Qualität leidet. Gute Spezifikationen für eine solche Aufnahme sind Stereo 44100 Hz, Sampling Size 16 Bit und Bitrate 128 kBit. Geeignete Software für Aufnahme und Bearbeitung sind u. a. ExactAudioCopy (Gratis-Download unter www.exactaudiocopy.de) sowie das kommerzielle Profi-Audio-Bearbeitungsprogramm CoolEdit. Zur Wiedergabe sind Linux-XMMS und WinAmp unter Windows zu empfehlen. Der Sound wird aufgenommen und der darzustellende Teil davon mit Hilfe der Audiosoftware isoliert. Dieser isolierte Teil wird wieder und wieder abgehört. Er formt dabei das immer wieder gleiche Muster in immer wieder gleicher Farbe vor dem inneren Auge.

Form und Farbe liegen in einer Art von Raum, welcher selbst nur allzu oft eine „unmögliche" (virtuelle) Farbe aufweist (vgl. dazu die Ausführungen unter „Formen und Empfindungen synästhetischer Wahrnehmung"). Dieser Raum bildet den Hintergrund der Visualisierung und damit auch die Fläche, auf welche die Vordergrundelemente später zu kopieren sind. Der Hintergrund ist folglich der Einstieg in die Grafik. Hier sind drei Möglichkeiten geeignet: Zum einen kann er als Web-Hintergrund angefertigt, in eine kleine HTML-Testdatei eingebaut und als Screenshot abfotografiert werden. Gut geeignet zum Generieren derartiger Flächen ist die Freeware Harm's Tile. Um die virtuelle Farbe möglichst realitätsnah abbilden zu können, empfiehlt sich die Verwendung einer der synästhetischen Wahrnehmung entsprechenden Oberflächentextur. Mit einem geeigneten Grafikbearbeitungsprogramm wie z. B. – unter Windows – PaintShop Pro (PSP), Adobe Photoshop, Micrografx PicturePublisher oder Macromedia Fireworks erhält der Hintergrund seine „richtige" Farbe.

Unter Linux empfiehlt sich dazu der Einsatz des kostenlosen Photoshop-Opensource-Gegenstücks „The Gimp" (auch wenn dessen Bedienung etwas gewöhnungsbedürftig ist). Die zweite Möglichkeit besteht darin, eines der o. a. Grafikprogramme direkt zur Hintergrunderzeugung einzusetzen. Als nachteilig erweisen sich dabei jedoch nur allzu oft die gegenüber Harm's Tile doch stark eingeschränkten Möglichkeiten. Die dritte Variante schließlich besteht darin, ein vorhandenes Web-Hintergrundbild mit der Grafiksoftware so zu verfremden, dass es benutzt werden kann. Welche der Möglichkeiten man wählt, hängt von der einzelnen Visualisierungsaufgabe ab.

Nachdem der Hintergrund fertig gestellt worden ist beginnt die Arbeit an den Vordergrundelementen. Diese müssen zunächst entsprechend den eingangs gemachten Ausführungen ausgesucht bzw. eingescannt werden. Es empfiehlt sich dabei, von vornherein gleich eine ganze Element-Serie anzufertigen und davon dann nur die geeignetsten Stücke einzusetzen – genauso, wie man aus einer Fotoserie nur die besten Fotos auswählt. Die Elemente werden dann isoliert. Eine erprobte Vorgehensweise besteht darin, das benötigte Element mittels Grafiksoftware auszuschneiden und auf einen zweiten Hintergrund, welcher später transparent gemacht werden kann, zu kopieren. An diesen – nur temporär benötigten – Hintergrund werden zwei Anforderungen gestellt: Erstens sollte er eine EDV-technisch „reine" Farbe (also eine der sechzehn Grundfarben) aufweisen und zweitens sollte diese Farbe im späteren Bild entweder möglichst gar nicht vorkommen oder aber in der virtuellen Farbgebung des eigentlichen Grafikhintergrundes (s. o.) „verschwinden".

OK, jetzt ist ein Vordergrundelement ausgeschnitten und auf den temporären Hintergrund kopiert worden. Was folgt, ist die (manuelle) Nachbearbeitung dieses Elements, da derartige Ausschnitte immer mit Artefakten, worunter man überzählige oder bildfremde Pixel versteht, behaftet sind. Derartige Pixel werden am einfachsten entfernt, indem man sie mit der Farbe des temporären Hintergrundes übermalt. Dieser Vorgang ist – da manuell durchzuführen – sehr zeitraubend. Damit ist ein Grundelement fertig gestellt. Es bildet das Ausgangsmaterial für weitere Elemente, welche sich von ihm ableiten. Für die Ableitungen wird das Grundelement kopiert und dann je nach Bedarf verändert: skaliert, verzerrt, mit Unschärfe versehen, anders ausgeleuchtet usw. solange bis es passt – und jedes abgeleitete Element für sich. Zum Skalieren ist die Freeware IrfanView, für etwaige Verfremdungen nach Möglichkeit kombiniert mit einigen Adobe-8BF-Filtern (diese Filter aus dem Adobe Photoshop oder aus Adobe PhotoDeluxe lassen sich von vornherein in IrfanView einbinden), bestens geeignet. Für Verzerrungen lassen sich die Freeware-Programme „Caricature" und „Oltmann's i-01" gut einsetzen. Danach liegen – wie bei einem Puzzlespiel – sowohl der Hintergrund wie auch jedes Vordergrundelement als einzelner Baustein vor und es gilt jetzt, diese Bausteine zu einem Ganzen zu kombinieren.

Synästhetisch gesehen „verwehen" die Strukturen häufig im räumlichen Hintergrund, wobei sie unscharf und zumindest teiltransparent werden. Das Kombinieren der Einzelteile erfolgt daher vorzugsweise von „Hinten" nach „Vorne", denn andernfalls sind die einzelnen Überlagerungen nicht realistisch darstellbar. Kombiniert wird, indem man das am weitesten entfernte Element kopiert und zwar teiltransparent, jedoch mit ausreichender Deckfähigkeit als neue Ebene in den Hintergrund mit der virtuellen Farbe einfügt. Es folgt das nächst nähere Element mit seinen entsprechenden Attributen usw. Letztlich wird das Ganze abgespeichert und noch einer letzten Nachbearbeitung unterzogen – bzgl. Schärfe, Unschärfe, Nebel etc. Falls skaliert werden muss, dann geschieht das jetzt idealerweise über Word (Windows) oder Oowrite (Linux), da deren Skalierungsalgorithmen erfahrungsgemäß geeigneter als die einer Grafikbearbeitung sind.

Leider funktioniert diese einfachste Vorgehensweise nicht immer, weil die Elementüberlagerungen nicht richtig passen – Teile werden verdeckt, sind nicht richtig erkennbar usw. Dann weiche ich auf HTML aus. Es wird eine Tabelle gebastelt, in welcher der eingangs angefertigte Hintergrund als Zellhintergrund dient. Den Zellvordergrund bildet eines der vorbereiteten Grafik-Elemente. Davon wird ein Screenshot gemacht und die Grafik wieder ausgeschnitten. Hier sind jetzt Vorder- und Hintergrund miteinander verschmolzen. Diese Grafik nun bildet den Hintergrund einer weiteren HTML-Tabelle, in welcher das nächste Vordergrundelement wahlweise mit erzwungenen Leerzeichen oder mit CSS platziert wird – usw., bis alles fertig ist. Dauert ewig. Zum Schluss dann noch die Nachbearbeitung wie oben dargestellt.

Jedes Bild wird folglich mit zigmaligem Hin- und Herkopieren individuell angefertigt. Pro Bild werden im Mittel etwa 50-100 Einzelbilder (Bearbeitungsstufen) benötigt. Die obigen Ausführungen geben nur die grobe

Richtung vor. Eine allgemeingültige Vorgehensweise gibt es meiner Meinung nach nicht; die Visualisierung geschieht „aus dem Bauch heraus". Etliche Stunden an angestrengter Arbeit pro Bild ist das absolute Minimum dessen, was man einkalkulieren muss. Um Qualitätsverluste aufgrund der zahlreichen Bearbeitungsstufen zu vermeiden, muss während der gesamten Visualisierung mit einem nicht-verlustbehafteten Dateiformat (also z. B. BMP oder TIFF) gearbeitet werden.

Nach diesen eher allgemein gehaltenen Ausführungen soll die o. a. Vorgehensweise jetzt noch einmal anhand eines ganz konkreten Beispiels, nämlich „Kristallnaach" von der Gruppe „BAP", dargestellt werden. Es handelt sich dabei um die Grafik, welche auf der vorderen Umschlagseite dieses Buchs abgebildet ist.

Zum Song/Sound: Kristallnaach von BAP ist ein Song, der mich in synästhetischer Hinsicht stark anspricht. Hinzu kommt noch der Text, welcher meine eigenen Ansichten so ziemlich auf den Punkt bringt. Gefällig rockig-rhythmisch ist das Ganze obendrein noch. Zuerst überlegte ich mir, ob eine Visualisierung überhaupt möglich ist. Was die Songmitte betrifft – bestimmt nicht, jedenfalls nicht für mich. Dazu reichen meine grafischen Fähigkeiten nicht aus – denn das würde Freihandzeichnen voraussetzen und so was kann ich nicht. Der Songanfang hingegen – ja, das könnte gehen, und zwar durch Collage. Ich konvertiere zunächst mit EAC den Audio-Sound nach PCM-Wave. Mit CoolEdit schneide ich einen Bereich aus, der einerseits klein genug, prägnant und andererseits zur Visualisierung geeignet ist. Dann konvertiere ich den PCM-WAV-Ausschnitt mittels MP3Pooler oder CDex nach MP3 (sieht synästhetisch furchtbar aus mit den ganzen „Schaumblasen"!) und das dann nach RIFF-Wave (ähnelt dem Original schon eher, ist aber deutlich leiser). Letzteres ist ein zwar undokumentiertes, nichtsdestotrotz aber Browser-kompatibles und sehr speicherplatzsparendes Soundformat.

Zur Grafik: Kristallnaach beginnt mit einem sehr niederfrequenten, etwas verrauschten Brummen, welches ich dunkelblau-schwarz sehe. Ein entsprechender Verlaufshintergrund scheint mir daher perfekt geeignet zu sein. In meiner W3-Stilmittelsammlung (meinem über Jahre gewachsenen "Fundus") finde ich nichts genau Passendes – immerhin aber einen leicht gestuften blauschwarzen Web-Hintergrund. Der wird mit GWS (GraphicWorkshop for Windows von Alchemy Mindware) erstmal um 180° gedreht, so dass er lagerichtig ist. Mit den PSP-Unschärfefiltern beseitige ich die Stufung: Fertig ist der Hintergrund.

In den Brummton mischen sich einzelne, weiche Klavierakkorde. Sie erscheinen mir goldgelb, länglich-schräg und mit rot-kupfernem Rand. Das WinAmp-Opensource-PlugIn „Synesthesia v1.1" (kostenloser Download im Internet unter http://users.ox.ac.uk/~linc1040/synesth/screenshots.shtml) kann derartige Formen und Farben recht gut abbilden. Synesthesia ist gut geeignet, um Rohmaterialien zu erzeugen. Die Bilder passen zwar zur Synästhesie im Allgemeinen, aber sie passen eben gar nicht zu der Musik, die sie im gerade aktuellen Moment visualisieren sollen. Ich starte folglich WinAmp mit einem beliebigen Musikstück und eingeschaltetem PlugIn (letzteres konfiguriert auf „Explosionsdarstellung").

131

Nun werden mehrere Screenshots davon gemacht. Einer beinhaltet eine mir geeignet erscheinende Form, welche mit GWS ausgeschnitten wird. Es schließt sich die Beseitigung von Artefakten (überzähliger Pixel) an, was durch Radieren und Übermalen mit MS-Paint geschieht. Dieser Schritt ist sehr arbeitsaufwendig. Nach Abspeicherung kommt GWS zum Einsatz, um die Grafik anamorph zu skalieren. Der Ausschnitt aus dem Screenshot ist viel zu rund – der Klavierakkord sieht länglicher aus. Entsprechend wird er jetzt verzerrt und danach mit dem Micrografx PicturePublisher frei in eine adäquat erscheinende Lage gedreht.

Danach geht es an das abschließende Zusammenfügen von Vorder- und Hintergrund. Das Klavierakkord-Vordergrundelement wird unter PSP geladen – sein Hintergrund ist schwarz. Mit der Auswahl-Umkehrungsfunktion wird das Element in die Zwischenablage kopiert (wobei ich „Schwarz" auf „Transparent" setze) und von dort aus nach dem Laden des bereits vorgefertigten schwarz-blauen Hintergrundes unter Beibehaltung seiner Transparenz als neue Ebene einkopiert sowie an die richtige Stelle geschoben.

Abgespeichert sieht das nun schon fast korrekt aus – es ist nur zu scharfkantig und zu klein. Doch hier bietet die Windows-Freeware Irfan View Abhilfe. Ihre phantastischen Vergrößerungsalgorithmen lassen jedes kommerzielle Produkt wie Stümperei aussehen. Folglich wird mit IrfanView stufenweise in 20%-Schritten vergrößert – jetzt wirkt es richtig und die Kanten sind weicher geworden. Eigentlich fertig – nach gut 4 Stunden an reiner Arbeit. Eigentlich... Irgendwie gefällt mir der Winkel des Klavierakkords nicht so richtig. Er ist zu steil. Aber jetzt ist's zu spät, um noch was zu ändern. Außerdem stellt das Bild ja auch nur einen statischen Sekundenbruchteil aus der synästhetischen Wahrnehmung dar...

Gleichfalls zur synästhetischen Visualisierung hinzuzurechnen, ist die „Akustifizierung". Da ich „Coloured-Hearing"-Synästhetiker bin, sehe ich Töne als farbige Formen. Der umgekehrte Weg, nämlich das Hören von Tönen beim Betrachten von Farben, passiert mir nur gänzlich extrem selten – aber manchmal eben doch. Unerwartet. Und es ist daher nur umso eindrucksvoller. Im Gegensatz zur bisher beschriebenen Vorgehensweise bei der Visualisierung liegt der Schwerpunkt bei der Akustifizierung auf dem Geräusch. So betrachtete ich beispielsweise einmal ein orangerot-verlaufendes Polarlicht, welches die akustische Empfindung hervorrief. Es hörte sich ganz eigentümlich an, mit einer sehr entfernten Ähnlichkeit zum Schwingen eines gespannten Gummibandes. Eine Aufnahme vom Letzteren bildete dann auch mein Rohmaterial, an welchem ich mit Hilfe einer Reihe von Soundbearbeitungsprogrammen (CoolEdit, EAC, MagicAudio) herumexperimentierte, um die Polarlichterscheinung zu „akustifizieren". Da wurde stundenlang gefiltert, gemixt, verhallt, gephast und was weiß ich noch alles: Try And Error. Das zugehörige Bildrohmaterial kommt dann – da man in solchen Situationen normalerweise keine Kamera zur Hand hat – aus dem Internet und wird mittels regulärer Fotomontage zusammengesetzt. Letzteres ist im Vergleich zur Erzeugung des Sounds aber ein beinahe schon vernachlässigbarer Arbeitsaufwand.

Schlusswort

All das, was unsere nicht-synästhetisch empfindenden Mitmenschen an Fakten über Synästhesie erfahren, kann nur von zwei Seiten kommen. Damit sind die neutralen wissenschaftlichen Veröffentlichungen und die subjektiv geprägten Erfahrungsberichte der Synästhetiker selbst gemeint. Wissenschaftliche Veröffentlichungen zum Thema gibt es inzwischen reichlich. Sie können jedoch nicht alles vermitteln. Ich will es zum besseren Verständnis einmal mit einem Gemälde vergleichen. Ein Gemälde kann man vermessen. Es lässt sich für jeden Pinselstrich dessen Länge, Breite, Winkel und Farbmetrik angeben. Zusammen bildet das einen schier endlosen Datensatz, welcher den gesamten Informationsgehalt des Gemäldes repräsentiert. Dies entspricht der Synästhesiebeschreibung aus wissenschaftlicher Sicht.

Doch da fehlt etwas. Ein Gemälde kann man auch betrachten. Welche Saite bringt der Gesamteindruck des Bildes in uns zum Klingen? Welches Gefühl hat man dabei? Was will der Künstler zum Ausdruck bringen? Wie hat er das Wechselspiel von Licht und Schatten eingefangen? Und schließlich ganz banal: Wie gefällt es einem? Was folglich fehlt, das sind die subjektiven Eindrücke, die Empfindungen und Gefühle oder schlicht: die Wirkung „des Ganzen". Dies entspricht der subjektiven Beschreibung aus synästhetischer Sicht.

Synästhesie ist eine sehr positive und überaus vorteilhafte Gabe der Natur. Sie kann zum Wohle der Allgemeinheit eingesetzt werden, da sich Synästhetiker noch durch weitere nützliche Fähigkeiten wie Intelligenz und Kreativität auszeichnen. Damit die Nutzung dieser Fähigkeiten aber möglich ist, muss die Synästhesie auch als das anerkannt werden, was sie ist: Eine dem Hören, Sehen, Riechen, Fühlen und Schmecken gleichberechtigte, weitere Form der Wahrnehmung. Es ist <u>keine</u> Krankheit! Ich möchte dieses Schlusswort daher mit einem Aufruf an Nichtsynästhetiker, Synästhesieforscher, Journalisten, Synästhetiker und Marketingfachleute abschließen.

An die Nichtsynästhetiker: Akzeptiert Synästhetiker als vollkommen normale Mitmenschen, so dass sie nicht mehr gezwungen sind, ihre besonderen Fähigkeiten zu verstecken! Informiert Euch und lernt, mit synästhetischen Verhaltensweisen klarzukommen. Ihr werdet davon profitieren!

An die Synästhesieforscher: Tragt mit dazu bei, den Nichtsynästhetikern klarzumachen, was Synästhesie ist! Leistet Aufklärungsarbeit und arbeitet dabei mit den Journalisten zusammen! Nur vergesst bitte auch am Ende Eurer Studien die Synästhetiker nicht – Feedback tut Not!

An die Journalisten: Recherchiert gründlich, nicht schlampig, denn das Thema verdient es! Interviewt Synnies, schreibt nicht nur irgendwo Interpretationen von Forschungsarbeiten ab! Hütet Euch vor Verallgemeinerungen und versucht zu zeigen, wie gleichberechtigt-vielfältig die Synästhesien doch sind!

An die Synästhetiker: Es liegt an uns, was unsere Mitmenschen über Synästhesie erfahren, denn wir sind die Quelle des Informationsflusses! Wer möchte, dass Synästhetiker ausführlicher zu Wort kommen, der muss auch bereit sein zu reden! Synästhetiker können nur dann von den Nichtsynnies mit all ihren Fähigkeiten und Eigenheiten akzeptiert werden, wenn wir bereit sind, das Versteckspiel aufzugeben!

An die Marketingfachleute: Hört bitte endlich damit auf, Synästhesie mit intermodaler Analogie zu verwechseln! Das nervt nicht nur; das trägt schon fast die Züge bewusster Falschinformation!